TensorFlow 2.0
卷积神经网络实战

王晓华 著

清华大学出版社
北京

内 容 简 介

卷积神经网络是现代神经网络的核心内容，TensorFlow 又是现在最为流行的深度学习框架。本书使用 TensorFlow 2.0 作为卷积神经网络实现的基本工具，引导深度学习初学者，从搭建环境开始，逐步深入到理论、代码和应用实践中去。

本书分为 8 章，第 1 章从搭建环境开始，包含 Anaconda、Python、PyCharm、TensorFlow CPU 版本和 GPU 版本的安装；第 2 章是 Keras+ TensorFlow 2.0 的使用基础；第 3 章是 TensorFlow 2.0 语法；第 4 章是 MNIST 实战；第 5 章是 Dataset API；第 6 章是 ResNet 理论和实践；第 7 章是注意力模型；第 8 章是通过卷积实现的一个项目案例：识文断字。

本书内容详尽、示例丰富，是机器学习和深度学习初学者必备的参考书，同时非常适合高等院校人工智能相关专业的师生阅读，也可作为培训学校相关专业的教材使用。

本书封面贴有清华大学出版社防伪标签，无标签者不得销售
版权所有，侵权必究。举报：010-62782989，beiqinquan@tup.tsinghua.edu.cn。

图书在版编目（CIP）数据

TensorFlow 2.0 卷积神经网络实战 / 王晓华著.—北京：清华大学出版社，2020.1（2020.10重印）
ISBN 978-7-302-54065-6

Ⅰ. ①T… Ⅱ. ①王… Ⅲ. ①人工神经网络 Ⅳ. ①TP183

中国版本图书馆 CIP 数据核字（2019）第 241653 号

责任编辑：夏毓彦
封面设计：王　翔
责任校对：闫秀华
责任印制：宋　林

出版发行：清华大学出版社
　　　　网　　址：http://www.tup.com.cn，http://www.wqbook.com
　　　　地　　址：北京清华大学学研大厦 A 座　　邮　编：100084
　　　　社 总 机：010-62770175　　邮　购：010-62786544
　　　　投稿与读者服务：010-62776969，c-service@tup.tsinghua.edu.cn
　　　　质量反馈：010-62772015，zhiliang@tup.tsinghua.edu.cn

印 装 者：北京鑫丰华彩印有限公司
经　　销：全国新华书店
开　　本：190mm×260mm　　印　张：13.75　　字　数：352 千字
版　　次：2020 年 1 月第 1 版　　　　　　　　印　次：2020 年 10 月第 2 次印刷
定　　价：69.00 元

产品编号：083709-01

前言

作为最主流的深度学习框架，TensorFlow 发布至今的三年里，引领了深度学习和人工智能领域的全面发展和成长壮大。它的出现使得深度学习的学习门槛被大大降低，不仅是数据专家，就连普通的程序设计人员，甚至相关专业的学生都可以用它来开发新的 AI 程序而不需要深厚的编程功底。

本书主要讲述使用 TensorFlow 2.0 学习卷积神经网络和开发对应的深度学习应用，是一本面向初级和中级读者的优秀教程。通过本书的学习，读者能够掌握卷积神经网络的基本内容和 TensorFlow 框架下深度学习的知识要点，以及从模型的构建到应用程序的编写一整套的应用技巧。

本书特色

1. 版本新，易入门

本书详细介绍了 TensorFlow 2.0 的安装和使用，以及使用 TensorFlow 2.0 官方所推荐的 Keras 编程方法与技巧。

2. 作者经验丰富，代码编写细腻

作者是长期奋战在科研和工业界的一线算法设计和程序编写人员，实战经验丰富，对代码中可能会出现的各种问题和"坑"有着丰富的处理经验，使得读者能够少走很多弯路。

3. 理论扎实，深入浅出

在代码设计的基础上，本书还深入浅出地介绍了深度学习需要掌握的一些基本理论知识，作者通过大量的公式与图示结合的方式对深度学习理论做了介绍，是一本难得的好书。

4. 对比多种应用方案，实战案例丰富

本书采用了大量的实例，同时也提供了一些实现同类功能的其他解决方案，覆盖了卷积神经网络使用 TensorFlow 进行深度学习开发中常用的知识。

本书内容及知识体系

本书基于 TensorFlow 2.0 的新架构模式和框架，完整介绍 TensorFlow 2.0 使用方法和一些进阶用法，主要内容如下：

第 1 章详细介绍了 TensorFlow 2.0 的安装方法以及对应的运行环境的安装，并通过一

个简单的例子验证 TensorFlow 2.0 的安装效果。本章还介绍了 TensorFlow 2.0 硬件的采购。请记住，一块能够运行 TensorFlow 2.0 GPU 版本的显卡能让你的学习事半功倍。

第 2 章是本书的重点，从 Eager 的引入开始，介绍了 TensorFlow 2.0 的编程方法和步骤，包括结合 Keras 进行 TensorFlow 2.0 模型设计的完整步骤，以及自定义层的方法。本章的内容看起来很简单，但却是本书的基础和核心精华，读者一定要反复阅读，认真掌握所有内容和代码的编写。

第 3 章是 TensorFlow 2.0 的理论部分，介绍了反馈神经网络的实现及其最核心的两个算法，作者通过图示结合理论公式的方式详细介绍了反馈神经网络理论和原理，并全手动实现了一个反馈神经网络。

第 4 章详细介绍了卷积神经网络的原理及其各个模型的使用和自定义内容，讲解了借助卷积神经网络（CNN）算法构建一个简单的 CNN 模型进行 MNIST 数字识别。使用卷积神经网络来识别物体是深度学习的一个经典内容，本章和第 2 章同为本书的重点内容，能够极大地帮助读者掌握 TensorFlow 2.0 框架的使用和程序的编写。

第 5 章是 TensorFlow 2.0 数据读写部分，详细介绍了使用 TensorFlow 2.0 自带的 Dataset API 对数据的序列化存储，并简明讲解数据重新读取和调用的程序编写方法。

第 6 章介绍了 ResNet 的基本思想和内容，ResNet 是一个具有里程碑性质的框架，标志着粗犷的卷积神经网络设计向着精确化和模块化的方向转化。ResNet 本身的程序编写非常简单，但是其中蕴含的设计思想却是跨越性的。

第 7 章讲解的内容是未来的发展方向，具有"注意力"的多种新型网络模型。在不同的维度和方向上加上"注意力"，这是需要读者在学习中加上所有注意力的地方。

实际上，除了传统的图像处理之外，使用卷积神经网络还能够对文本进行分类，这一般采用的是循环神经网络。在第 8 章中我们介绍了使用经典的卷积神经网络来解决文本分类的问题，同时读者也可以将其引申到更多的序列化问题，这也是未来深度学习研究的方向。

示例源码下载

本书示例源码下载地址请扫描右边二维码获得。

如果有问题、建议或者疑问，请联系 booksaga@163.com，邮件主题为"TensorFlow 2.0 卷积神经网络实战"。

适合阅读本书的读者

- 人工智能、深度学习、机器学习初学者
- 高等院校和培训学校人工智能相关专业的师生
- 其他对智能化、自动化感兴趣的开发者

著　者
2020 年 1 月

目　录

第 1 章　Python 和 TensorFlow 2.0 的安装 1
　1.1　Python 基本安装和用法 1
　　　1.1.1　Anaconda 的下载与安装 2
　　　1.1.2　Python 编译器 PyCharm 的安装 5
　　　1.1.3　使用 Python 计算 softmax 函数 8
　1.2　TensorFlow 2.0 GPU 版本的安装 9
　　　1.2.1　检测 Anaconda 中的 TensorFlow 版本 9
　　　1.2.2　TensorFlow 2.0 GPU 版本基础显卡推荐和前置软件安装 10
　1.3　Hello TensorFlow 13
　1.4　本章小结 14

第 2 章　简化代码的复杂性：TensorFlow 2.0 基础与进阶 15
　2.1　配角转成主角——从 TensorFlow Eager Execution 转正谈起 16
　　　2.1.1　Eager 简介与调用 16
　　　2.1.2　读取数据 18
　　　2.1.3　使用 TensorFlow 2.0 模式进行线性回归的一个简单的例子 20
　2.2　Hello TensorFlow & Keras 22
　　　2.2.1　MODEL！MODEL！MODEL！还是 MODEL 23
　　　2.2.2　使用 Keras API 实现鸢尾花分类的例子（顺序模式）................................ 24
　　　2.2.3　使用 Keras 函数式编程实现鸢尾花分类的例子（重点）........................... 27
　　　2.2.4　使用保存的 Keras 模式对模型进行复用 30
　　　2.2.5　使用 TensorFlow 2.0 标准化编译对 Iris 模型进行拟合 31
　　　2.2.6　多输入单一输出 TensorFlow 2.0 编译方法（选学）................................... 35
　　　2.2.7　多输入多输出 TensorFlow 2.0 编译方法（选学）....................................... 39
　2.3　全连接层详解 41
　　　2.3.1　全连接层的定义与实现 41
　　　2.3.2　使用 TensorFlow 2.0 自带的 API 实现全连接层 43
　　　2.3.3　打印显示 TensorFlow 2.0 设计的 Model 结构和参数 46

2.4 本章小结 48

第 3 章 TensorFlow 2.0 语法基础 49
3.1 BP 神经网络简介 49
3.2 BP 神经网络两个基础算法详解 53
    3.2.1 最小二乘法（LS 算法）详解 53
    3.2.2 道士下山的故事——梯度下降算法 56
3.3 反馈神经网络反向传播算法介绍 59
    3.3.1 深度学习基础 59
    3.3.2 链式求导法则 61
    3.3.3 反馈神经网络原理与公式推导 62
    3.3.4 反馈神经网络原理的激活函数 68
    3.3.5 反馈神经网络原理的 Python 实现 70
3.4 本章小结 74

第 4 章 卷积层详解与 MNIST 实战 75
4.1 卷积运算基本概念 75
    4.1.1 卷积运算 76
    4.1.2 TensorFlow 2.0 中卷积函数实现详解 78
    4.1.3 池化运算 80
    4.1.4 softmax 激活函数 81
    4.1.5 卷积神经网络原理 83
4.2 TensorFlow 2.0 编程实战——MNIST 手写体识别 86
    4.2.1 MNIST 数据集 86
    4.2.2 MNIST 数据集特征和标签介绍 88
    4.2.3 TensorFlow 2.0 编程实战 MNIST 数据集 90
    4.2.4 使用自定义的卷积层实现 MNIST 识别 95
4.3 本章小结 98

第 5 章 TensorFlow 2.0 Dataset 使用详解 99
5.1 Dataset API 基本结构和内容 99
    5.1.1 Dataset API 数据种类 100
    5.1.2 Dataset API 基础使用 101
5.2 Dataset API 高级用法 102
    5.2.1 Dataset API 数据转换方法 104
    5.2.2 一个读取图片数据集的例子 108
5.3 使用 TFRecord API 创建和使用数据集 108

5.3.1	TFRecord 详解	109
5.3.2	TFRecord 的创建	111
5.3.3	TFRecord 的读取	115

5.4 TFRecord 实战——带有处理模型的完整例子 121
    5.4.1 创建数据集 121
    5.4.2 创建解析函数 122
    5.4.3 创建数据模型 123
5.4 本章小结 124

第6章 从冠军开始：ResNet 125

6.1 ResNet 基础原理与程序设计基础 125
    6.1.1 ResNet 诞生的背景 126
    6.1.2 模块工具的 TensorFlow 实现——不要重复造轮子 129
    6.1.3 TensorFlow 高级模块 layers 用法简介 129

6.2 ResNet 实战 CIFAR-100 数据集分类 137
    6.2.1 CIFAR-100 数据集简介 137
    6.2.2 ResNet 残差模块的实现 140
    6.2.3 ResNet 网络的实现 142
    6.2.4 使用 ResNet 对 CIFAR-100 进行分类 145

6.3 ResNet 的兄弟——ResNeXt 147
    6.3.1 ResNeXt 诞生的背景 147
    6.3.2 ResNeXt 残差模块的实现 149
    6.3.3 ResNeXt 网络的实现 150
    6.3.4 ResNeXt 和 ResNet 的比较 151

6.4 其他的卷积神经模型简介 152
    6.4.1 SqueezeNet 模型简介 153
    6.4.2 Xception 模型简介 155

6.5 本章小结 156

第7章 Attention is all we need! 157

7.1 简单的理解注意力机制 158
    7.1.1 何为"注意力" 158
    7.1.2 "hard or soft？"——注意力机制的两种常见形式 159
    7.1.3 "Spatial and Channel！"——注意力机制的两种实现形式 160

7.2 SENet 和 CBAM 注意力机制的经典模型 163
    7.2.1 最后的冠军——SENet 163
    7.2.2 结合了 Spatial 和 Channel 的 CBAM 模型 166

    7.2.3 注意力的前沿研究——基于细粒度的图像注意力机制 171
  7.3 本章小结 173

第 8 章 卷积神经网络实战：识文断字我也可以 174

  8.1 文本数据处理 175
    8.1.1 数据集介绍和数据清洗 175
    8.1.2 停用词的使用 177
    8.1.3 词向量训练模型 word2vec 使用介绍 180
    8.1.4 文本主题的提取——基于 TF-IDF（选学）... 183
    8.1.5 文本主题的提取——基于 TextRank（选学）..................................... 187
  8.2 针对文本的卷积神经网络模型简介——字符卷积 190
    8.2.1 字符（非单词）文本的处理 191
    8.2.2 卷积神经网络文本分类模型的实现——Conv1D（一维卷积）......... 199
  8.3 针对文本的卷积神经网络模型简介——词卷积 201
    8.3.1 单词的文本处理 201
    8.3.2 卷积神经网络文本分类模型的实现——Conv2D（二维卷积）......... 203
  8.4 使用卷积对文本分类的补充内容 207
    8.4.1 汉字的文本处理 207
    8.4.2 其他的一些细节 210
  8.5 本章小结 211

第 1 章
Python和TensorFlow 2.0的安装

"人生苦短，我用 Python"。

这是 Python 在自身宣传和推广中使用的口号，做深度学习也是这样。对于相关研究人员，最直接最简洁的需求就是将自己的 idea 从纸面进化到可以运行的计算机代码，在这个过程中，所需花费的精力越少越好。

Python 完全可以满足这个需求。首先，在计算机代码的编写和实现过程中，Python 简洁的语言设计本身可以帮助用户避开没必要的陷阱，减少变量申明，随用随写，无须对内存进行释放，这些都极大地帮助了我们使用 Python 编写出简洁的程序。

其次，Python 的社区开发成熟，有非常多的第三方类库可以使用。在本章中还会介绍 NumPy、PIL 以及 threading 这 3 个主要的类库，这些开源的算法类库在后面的程序编写过程中会起到极大的作用。

最后，相对于其他语言，Python 有较高的运行效率，而且得益于 Python 开发人员的不懈努力，Python 友好的接口库甚至可以加快程序的运行效率，而无须去了解底层的运行机制。

"人生苦短，何不用 Python"。Python 让其使用者专注于逻辑和算法本身而无须纠结一些技术细节。Python 作为深度学习以及 TensorFlow 框架主要编程语言，更需要读者去学习与掌握。

1.1 Python 基本安装和用法

Python 是深度学习的首选开发语言，对于安装它来说，有很多种选择。目前很多第三方提供了集成大量科学计算类库的 Python 标准安装包，最常用的是 Anaconda。

Anaconda 的作用就是里面集成了很多关于 Python 科学计算的第三方库，主要是安装方便，而 Python 是一个脚本语言，如果不使用 Anaconda，那么第三方库的安装会较为困难，各个库之间的依赖性就很难连接得很好。因此，这里推荐直接安装 Anaconda 软件来替代 Python 语言的安装。

1.1.1　Anaconda 的下载与安装

1. 第一步：下载和安装

Anaconda 官方的下载地址是：https://www.anaconda.com/ distribution/#download-section，其页面如图 1.1 所示。

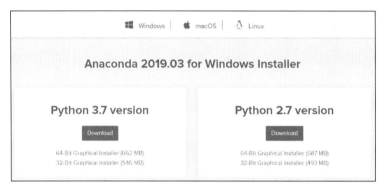

图 1.1　Anaconda 下载页面

截至到本书出版时，官方最新提供的是集成了 Python 3.7 版本的 Anaconda 下载。作者经过测试，无论是 3.7 版本或者 3.6 版本的 Python，都不影响 TensorFlow 2.0 的使用，读者可以根据自己喜好以及操作系统的位数选择相应的软件下载安装。

（1）这里作者推荐使用的是 Windows 平台 Python 3.6 的版本，因为 3.7 版本推出的时间不是很长，在安装 TensorFlow 时有可能会遇到一些莫名其妙的问题，因此建议喜欢挑战的读者下载。集成 Python 3.6 版本的 Anaconda 可以在清华大学 Anaconda 镜像网站下载（https://mirrors.tuna.tsinghua.edu.cn/anaconda/archive/），打开后如图 1.2 所示。

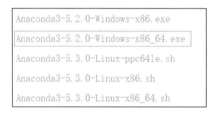

图 1.2　清华大学 Anaconda 镜像网站提供的副本

> **注　意**
>
> 作者的 Windows 是 64 位的，因此选择 Anaconda3-5.2.0-Windows-x86_64.exe 安装文件下载！

（2）下载完成后得到的文件是 exe 版本，直接运行即可进入安装过程（大概 5 分钟）。安装完成以后，出现如图 1.3 所示的目录结构，说明安装正确。

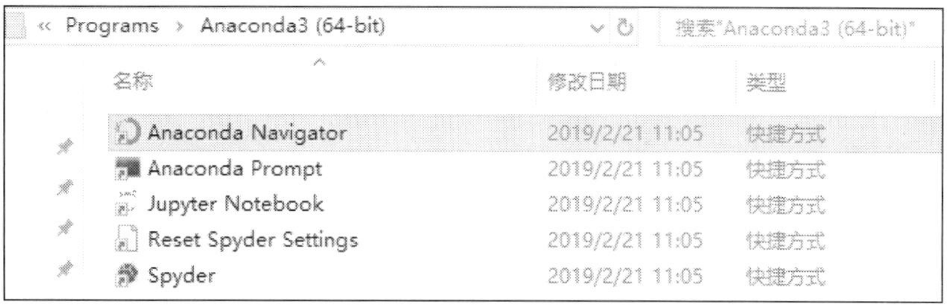

图 1.3 Anaconda 安装目录

2. 第二步：打开控制台

之后依次单击：开始→所有程序→Anaconda3→Anaconda Prompt，打开 Anaconda Prompt 窗口，它与 CMD 控制台类似，输入命令就可以控制和配置 Python。在 Anaconda 中最常用的是 conda 命令，该命令可以执行一些基本操作。

3. 第三步：验证 Python

接下来在控制台中输入 python，如安装正确，会打印 Python 的版本号以及控制符号>>>。在控制符号下输入代码：

```
print("hello world")
```

输出结果如图 1.4 所示。

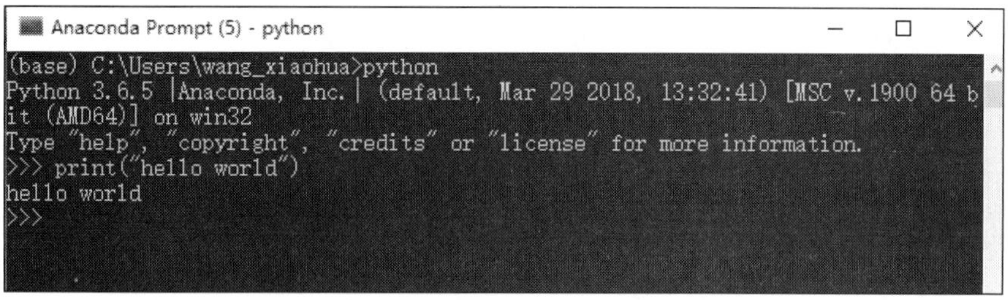

图 1.4 验证 Anaconda Python 安装成功

4. 使用 conda 命令

使用 Anaconda 的好处在于，它能够很方便地帮助读者安装和使用大量第三方类库。查看已安装的第三方类库的代码：

```
conda list
```

> 提 示
>
> 如果此时命令行还在>>>状态，可以输入 exit() 退出。

在 Anaconda Prompt 控制台输入 conda list 代码，结果如图 1.5 所示。

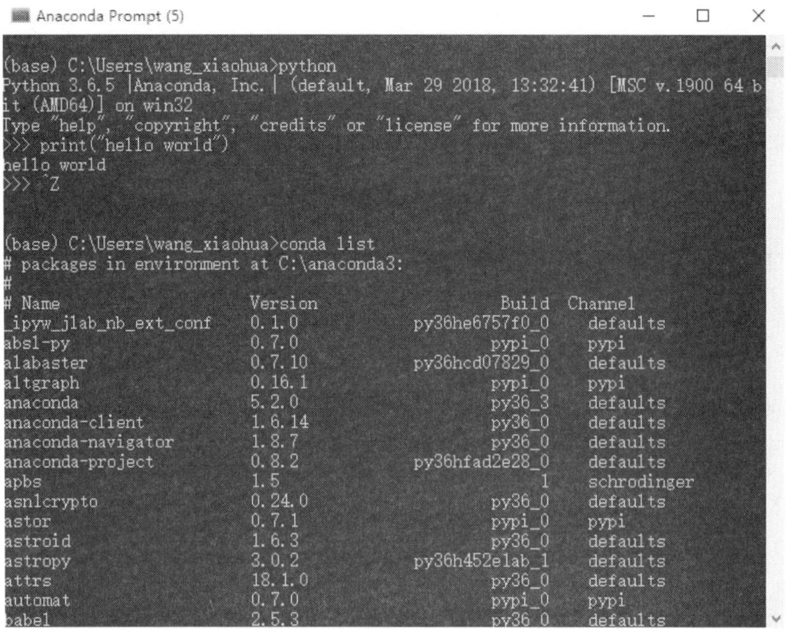

图 1.5 列出已安装的第三方类库

Anaconda 中使用 conda 进行操作的方法还有很多，其中最重要的是安装第三方类库，命令如下：

```
conda install name
```

这里的 name 是需要安装的第三方类库名（见图 1.6），例如当需要安装 NumPy 包（这个包已经安装过），那么输入的命令如下：

```
conda install numpy
```

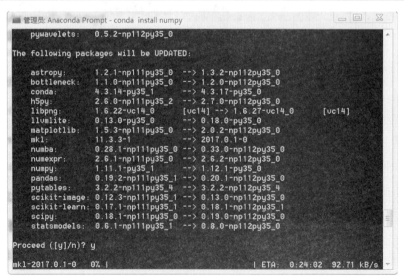

图 1.6 自动获取或更新依赖类库

第 1 章　Python 和 TensorFlow 2.0 的安装

使用 Anaconda 一个特别的好处就是默认安装好了大部分学习所需的第三类库，这样避免了读者在安装和使用某个特定类库时，可能出现的依赖类库缺失的情况。

1.1.2　Python 编译器 PyCharm 的安装

和其他语言类似，Python 程序的编写可以使用 Windows 自带的控制台进行程序编写。但是这种方式对于较为复杂的程序工程来说，容易混淆相互之间的层级和交互文件，因此在编写程序工程时，作者建议使用专用的 Python 编译器 PyCharm。

1. 第一步：PyCharm 的下载和安装

PyCharm 的下载地址为：http://www.jetbrains.com/pycharm/。

（1）进入 Download 页面后可以选择不同的版本，如图 1.7 所示，收费的专业版和免费的社区版。这里建议读者选择免费的社区版本即可。

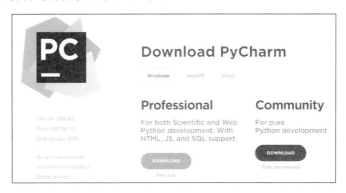

图 1.7　PyCharm 的免费版

（2）双击运行后进入安装界面，如图 1.8 所示。直接单击 Next 按钮，采用默认安装即可。

图 1.8　PyCharm 的安装文件

5

（3）如图1.9所示，这里需要注意，在安装PyCharm的过程中，需要对安装的位数进行选择，这里建议读者选择与已安装的Python相同位数的文件。

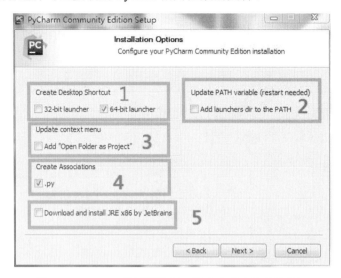

图1.9　PyCharm的配置选择（按个人真实情况选择）

（4）安装完成后出现Finish按钮，单击该按钮安装完成，如图1.10所示。

图1.10　PyCharm安装完成

2. 第二步：使用PyCharm创建程序

（1）单击桌面上新生成的图标进入PyCharm程序界面，首先是第一次启动的定位，如图1.11所示。这里是对程序存储的定位，一般建议选择第2个，由PyCharm自动指定即可。之后单击弹出的"Accept"按钮，接受相应的协议。

第 1 章　Python 和 TensorFlow 2.0 的安装

图 1.11　PyCharm 启动定位

（2）接受协议后进入界面配置选项，如图 1.12 所示。

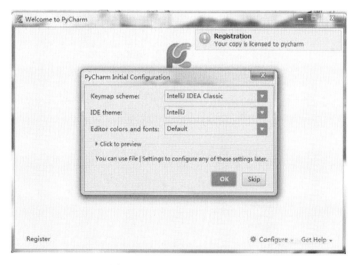

图 1.12　PyCharm 界面配置

（3）在配置区域可以选择自己的使用风格，对 PyCharm 的界面进行配置，如果对其不熟悉的话，直接单击 OK 按钮，使用默认配置即可。

（4）最后就是创建一个新的工程，如图 1.13 所示。

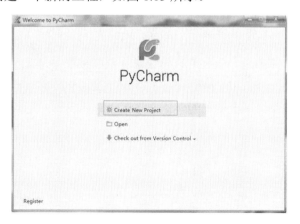

图 1.13　PyCharm 创建工程界面

这里，建议读者新建一个 PyCharm 的工程文件，结果如图 1.14 所示。

7

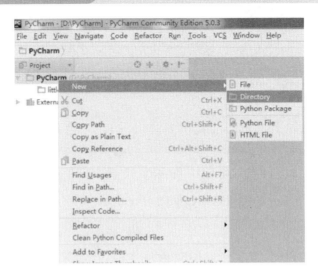

图 1.14　PyCharm 新建文件界面

之后鼠标右击新建的工程名 PyCharm（见图 1.15），选择 New|Python File 菜单新建一个 helloworld.py 文件。

图 1.15　PyCharm 工程创建界面

输入代码并单击菜单栏的 Run|run…运行代码，或者直接右击 helloworld.py 文件名，在弹出的快捷菜单中选择 run。如果成功输出 hello world，那么恭喜你，Python 与 PyCharm 的配置就完成了！

1.1.3　使用 Python 计算 softmax 函数

对于 Python 科学计算来说，最简单的想法就是可以将数学公式直接表达成程序语言，可以说，Python 满足了这个想法。本小节将使用 Python 实现和计算一个深度学习中最为常见的函数——softmax 函数。至于这个函数的作用，现在不加以说明，作者只是带领读者尝试实现其程序的编写。

首先 softmax 计算公式如下所示：

$$s_i = \frac{e^{V_i}}{\sum_{0}^{j} e^{V_i}}$$

其中 V_i 是长度为 j 的数列 V 中的一个数，带入 softmax 的结果其实就是先对每一个 V_i 取 e

为底的指数计算变成非负,然后除以所有项之和进行归一化,之后每个 V_i 就可以解释成:在观察到的数据集类别中,特定的 V_i 属于某个类别的概率,或者称作似然(Likelihood)。

> **提 示**
>
> softmax 用以解决概率计算中概率结果大而占绝对优势的问题。例如函数计算结果中 2 个值 a 和 b,且 a>b,如果简单地以值的大小为单位衡量的话,那么在后续的使用过程中,a 永远被选用而 b 由于数值较小而不会被选择,但是有时候也需要使用数值小的 b,那么 softmax 就可以解决这个问题。

softmax 按照概率选择 a 和 b,由于 a 的概率值大于 b,在计算时 a 经常会被取得,而 b 由于概率较小,取得的可能性也较小,但是也有概率被取得。

公式 softmax 的代码如下:

【程序 1-1】

```python
import numpy
def softmax(inMatrix):
    m,n = numpy.shape(inMatrix)
    outMatrix = numpy.mat(numpy.zeros((m,n)))
    soft_sum = 0
    for idx in range(0,n):
        outMatrix[0,idx] = math.exp(inMatrix[0,idx])
        soft_sum += outMatrix[0,idx]
    for idx in range(0,n):
        outMatrix[0,idx] = outMatrix[0,idx] / soft_sum
    return outMatrix
```

从代码可以看到,当传入一个数列后,该函数分别计算每个数值所对应的指数值,之后将其相加后计算每个数值在数值和中的概率。

1.2 TensorFlow 2.0 GPU 版本的安装

Python 运行环境调试完毕后,下面的重点就是安装本书的主角 TensorFlow 2.0。

1.2.1 检测 Anaconda 中的 TensorFlow 版本

首先是对于版本的选择,读者可以直接在 Anaconda 命令端输入一个错误的命令:

```
pip install tensorflow==3.0
```

这个命令是错误的,目的是为了查询当前的 TensorFlow 版本,作者在写作这本书所能获取的 TensorFlow 版本如图 1.16 所示。

```
(base) C:\Users\wang_xiaohua>pip install tensorflow==3.0
Looking in indexes: https://pypi.tuna.tsinghua.edu.cn/simple
Collecting tensorflow==3.0
  ERROR: Could not find a version that satisfies the requirement tensorflow==3.0 (from versions: 1.2.0rc2, 1.2.0, 1.2.1,
1.3.0rc0, 1.3.0rc1, 1.3.0rc2, 1.3.0, 1.4.0rc0, 1.4.0rc1, 1.4.0, 1.5.0rc0, 1.5.0rc1, 1.5.0, 1.5.1, 1.6.0rc0, 1.6.0rc1,
1.6.0, 1.7.0rc0, 1.7.0rc1, 1.7.0, 1.7.1, 1.8.0rc0, 1.8.0rc1, 1.8.0, 1.9.0rc0, 1.9.0rc1, 1.9.0rc2, 1.9.0, 1.10.0rc0, 1.10.
0rc1, 1.10.0, 1.11.0rc0, 1.11.0rc1, 1.11.0rc2, 1.11.0, 1.12.0rc0, 1.12.0rc1, 1.12.0rc2, 1.12.0, 1.12.2, 1.12.3, 1.13.0rc
0, 1.13.0rc1, 1.13.0rc2, 1.13.1, 1.14.0rc0, 1.14.0rc1, 1.14.0, 2.0.0a0, 2.0.0b0, 2.0.0b1)
ERROR: No matching distribution found for tensorflow==3.0
```

图 1.16 TensorFlow 版本汇总

可以看到，目前最新的版本是 2.0.0b1。此时，如果读者想安装 CPU 版本的 TensorFlow，直接在当前的 Anaconda 输入命令如下：

```
pip install tensorflow==2.0.0b1
```

即可安装最新 CPU 版本的 TensorFlow。

1.2.2　TensorFlow 2.0 GPU 版本基础显卡推荐和前置软件安装

如果从 CPU 版本的 TensorFlow 2.0 开始你的深度学习之旅，这是完全可以的。但是却不是作者推荐的一种方式。相对于 GPU 版本的 TensorFlow 来说，其运行速度 CPU 版本存在着极大的劣势，很有可能会让你的深度学习止步于前。

实际上，配置一块 TensorFlow 2.0 GPU 版本的显卡（见图 1.17）并不需要花费很多，从网上购买一块标准的 NVIDA 750ti 显卡就能够基本满足读者起步阶段的基本需求，作者在这里强调的是，最好购置显存为 4G 的版本，目前价格稳定在 400 元左右。如果有更好的条件的话，NVIDA 1050ti 4G 版本也是一个不错的选择，价格在 700 元左右。

> **注　意**
>
> 推荐购买 NVIDA 系列的显卡，并且优先考虑大显存的。

图 1.17　深度学习显卡

下面就介绍 TensorFlow 2.0 GPU 版本的前置软件的安装。对于 GPU 版本的 TensorFlow 2.0 来说，由于调用了 NVIDA 显卡作为其代码运行的主要工具，因此额外需要 NVIDA 提供的运行库作为运行基础。

（1）首先介绍版本的问题，作者目前使用的 TensorFlow 2.0 运行的 NVIDA 运行库版本如下：

- CUDA 版本：10.0。
- CuDNN 版本：7.5.0。

这个对应的版本一定要配合使用，建议读者不要改动，直接下载对应版本就可以。

CUDA 的下载地址为：https://developer.nvidia.com/cuda-10.0-download-archive?target_os=Windows&target_arch=x86_64&target_version=10&target_type=exelocal。界面如图 1.18 所示。

直接下载 local 版本安装即可。

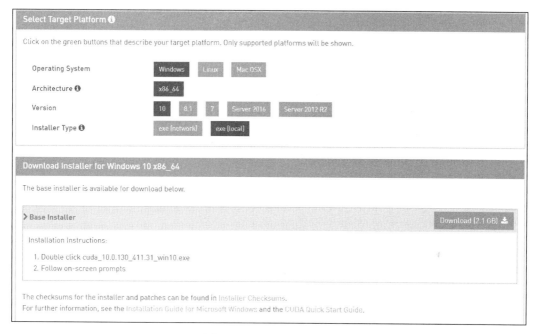

图 1.18　下载 CUDA 文件

（2）下载后是一个 exe 文件，读者自行安装即可，不要修改其中的路径信息，完全使用默认路径安装即可。

（3）接着是下载和安装对应的 cuDNN 文件。下载地址为：https://developer.nvidia.com/rdp/cudnn-archive。

cuDNN 的下载需要先注册一个用户名，相信读者可以很快完成，之后直接进入下载页面，如图 1.19 所示。

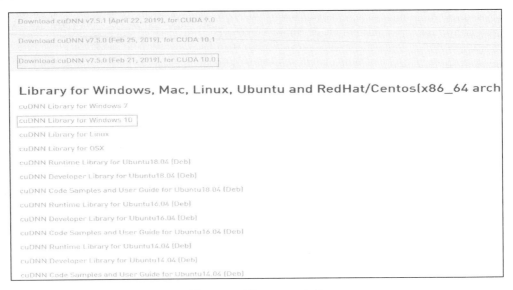

图 1.19　下载 cuDNN 文件

> **注　意**
>
> 不要选择错误的版本，一定需要找到对应的版本号。

（4）下面就是 cuDNN 的安装问题，下载的 cuDNN 是一个压缩文件，直接将其解压到 CUDA 安装目录即可，如图 1.20 所示。

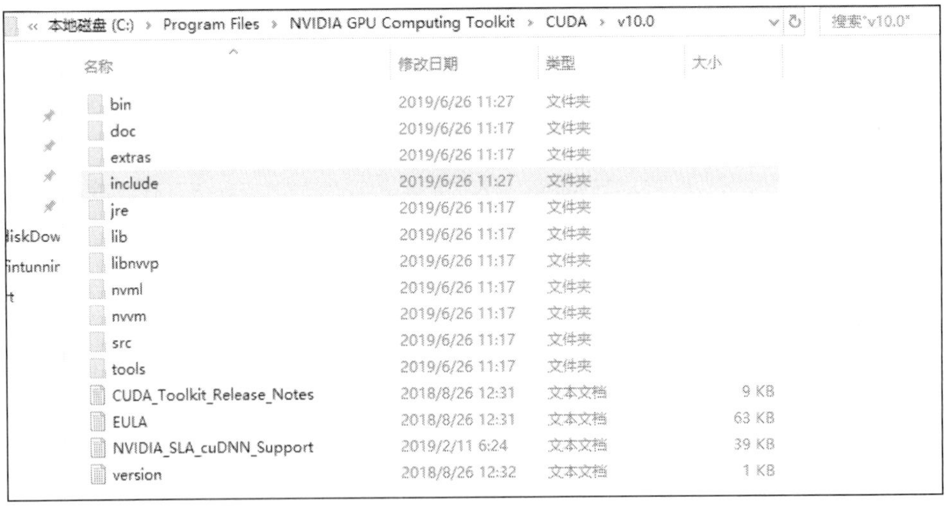

图 1.20　CUDA 安装目录

（5）接下来就是对环境变量的设置，这里需要将 CUDA 的运行路径加载到环境变量的 path 路径中，如图 1.21 所示。

第 1 章　Python 和 TensorFlow 2.0 的安装

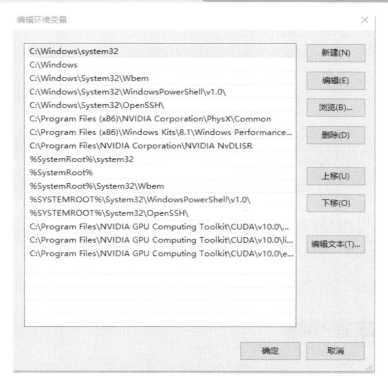

图 1.21　将 CUDA 路径加载到环境变量的 path 中

（6）最后完成 TensorFlow 2.0 GPU 版本的安装了，只需一行简单的代码：

```
pip install tensorflow-GPU==2.0.0b1
```

1.3　Hello TensorFlow

至此，我们已经完成了 TensorFlow 的安装。依次输入如下命令可以验证 TensorFlow 安装是否成功，效果如图 1.22 所示。

```
python
import tensorflow as tf
tf.constant(1.)+ tf.constant(1.)
```

图 1.22　验证 TensorFlow 2.0 安装

可以看到，图 1.22 所示虽然没有打印出结果，但是已经明确地展示了内存中有一块被划为 Tensor 数据模块。

读者也可以打开前面安装的 PyCharm IDE，新建一个项目，再新建一个.py 文件，输入如下代码：

【程序 1-2】

```
import tensorflow as tf
text = tf.constant("Hello TensorFlow 2.0")
print(text)
```

打印结果如下：

```
tf.Tensor(b'Hello Tensorflow2.0', shape=(), dtype=string)
```

1.4 本章小结

本章介绍了 Python 的基本安装和编译器的使用。在这里推荐读者使用 PyCharm 免费版作为 Python 编辑器，这有助于更好地安排工程文件的配置和程序的编写。

本章还介绍了 TensorFlow 2.0 的安装，需要读者注意对应的 NVIDA 库文件的版本对应问题。

本章是学习环境搭建最基础的内容，后面将正式进入 TensorFlow 2.0 的学习阶段。

第 2 章
简化代码的复杂性：TensorFlow 2.0基础与进阶

在深度学习领域，谷歌的 TensorFlow（见图 2.1）可以说是最为出名的开源工具。它的出现使得深度学习的门槛大大降低，不仅人工智能专家，就连最普通的科研人员和对深度学习不是很在行的开发人员，都可以轻易利用它来开发出 AI 程序。

图 2.1　TensorFlow Logo

但是随着时间的推移和对 TensorFlow 构建和使用更为广泛，TensorFlow 的缺点也日益暴露出来。例如所使用的中级和高级 API 过多（layers 层和 slim 层哪个应用的更为广泛），基础深度学习模型的缺乏以及代码编写得过于冗长和混乱。

为了解决这些问题，并且为了更加符合 Python "不要重复造轮子"的主题，TensorFlow 2.0 大力删除了一些本身重复的 API，把一些外围以及编写完的能够被 TensorFlow 复用的 API 大胆地引入并进行替代，例如使用 keras.layers 替代自己本身的 tf.layers 层。

本章会从最简单的程序编写起步，带领读者循序渐进地学习 TensorFlow 的编程模式。本章的所有内容都非常重要，读者一定要反复阅读，认真理解其中的内容。

2.1 配角转成主角——从 TensorFlow Eager Execution 转正谈起

最早追溯到 TensorFlow 1.10 版本,那个时候 TensorFlow 由于强大的深度学习计算能力被众多的深度学习从业人员所使用。但是盛名之下还是有一些小的确定让人诟病,例如程序编写的困难,代码格式和其他深度学习框架有较大差异,运行时占用资源较多等。

TensorFlow 开发组为了解决这些问题,在 TensorFlow 1.10 版本的时候就引入了一种新的程序运行机制——TensorFlow Eager Execution。其目的是为了解决程序开发人员使用 TensorFlow 作为深度学习框架时学习坡度不是很友善的缺点,同时也为了增加程序编写的方便,使用了一种新的简化的 TensorFlow 运行机制 Eager Execution。结果一经推出就大受好评,使得很多原先使用别的机器学习框架的程序编写人员、机器学习爱好者转投 TensorFlow 的怀抱中。

TensorFlow Eager Execution(动态图)是一个命令式的编程环境,不建立图而是立即运算求值:运算返回具体值替换(以前)先构建运算图然后执行的机制。使得(使用)TensorFlow 和调试模型变得简单,而且减少了多余(模板化、公式化操作)。

动态图是一个灵活的机器学习平台,用于研究和实验,提供以下功能:

- 直观的接口:方便编码使用,基于 Python 数据结构。快速迭代小模型和小数据。
- 调试简单:直接调用 ops 来检查运行模型和测试变更。使用标准 Python 调试工具进行即时错误报告。
- 自然控制流:使用 Python 控制流替换图控制流,简化动态模型规范。

2.1.1 Eager 简介与调用

TensorFlow 的开发团队曾经表示,Eager Execution 的主要优点如下:

- 快速调试即刻的运行错误并通过 Python 工具进行整合。
- 借助易于使用的 Python 控制流支持动态模型。
- 为自定义和高阶梯度提供强大的支持。
- 适用于几乎所有可用的 TensorFlow 运算。

1. Eager Execution 的调用

Eager Execution 的调用非常简单,可以直接使用代码如下:

```
import tensorflow as tf
```

这是因为在 TensorFlow 2.0 中,Eager Execution 是默认开启的,因此直接引入 TensorFlow 即可。

而在 TensorFlow 1.X 版本中,Eager Execution 需要手动开启,代码如下:

```
import tensorflow as tf          #这里TensorFlow版本为1.X，低于2.0版本
tfe = tf.contrib.eager           #仅适用于TensorFlow版本为1.X，低于2.0版本，需手动开启
tf.enable_eager_execution()      #仅适用于TensorFlow版本为1.X，低于2.0版本，需手动开启
```

这些代码是在 1.X 版本中开启 Eager Execution 的方法，首先第 1 行是引入 TensorFlow，第 2~3 行是显示调用 Eager 模式，使之可以在本段代码中使用。

此外，更为常见的是，读者安装了 TensorFlow 2.0 或者更高版本，对于运行在 1.X 版本下编写的代码，可能会产生一些问题。因此需要重新引入 TensorFlow 1.X 的运行模式，在引入 TensorFlow 的时候需要修改代码如下：

```
import tensorflow.compat.v1 as tf
tf.disable_v2_behavior()
```

这样显式地调用 TensorFlow 1.X 版本的 API 使用。

2. Eager 模式的使用

Eager Execution 一个非常有意思的、作为宣传点的功能就是允许用户在不创建 Graph（图）的情况下运行 TensorFlow 代码，代码如下：

【程序 2-1】

```
import tensorflow as tf
data = tf.constant([1,2])
print(data)
```

这里默认启动了 Eager 模式，在使用 TensorFlow 读入一个序列后将其打印，结果如下：

$$\text{tf.Tensor}([1\ 2],\ \text{shape}=(2,),\ \text{dtype=int32})$$

可以看到，结果打印出了读入数据后的 Tensor 数据格式，即具体数值为[1,2]，维度大小为 2，数据类型为 int32。

如果此时需要将这个数据的具体内容打印出来，代码可以改成如下：

【程序 2-2】

```
import tensorflow as tf
data = tf.constant([1,2])
print(data.numpy())
```

打印结果如下：

$$[1\ 2]$$

可以看到，此时由于加上了数据自带的 numpy()函数，Tensor 数据被显示转化为常用的 NumPy 数据格式，即常数格式。

这里顺带提一下，如果使用传统的 TensorFlow 编写模式，代码要修改为：

【程序 2-3】
```
import tensorflow.compat.v1 as tf
tf.disable_v2_behavior()
data = tf.constant([1,2])
print(data)
```

打印结果如下：

Tensor("Const:0", shape=(2,), dtype=int32)

可以看到，此时数据被读入到图中而不是被直接计算，因此打印出的结果并没有具体数据，而具体数据的计算请读者自行完成。

2.1.2　读取数据

TensorFlow 1.X 数据的读取是采用占位符的形式，首先将数据读取到内存中，之后建立整体的 TensorFlow 图，在运行图以后读取数据并显示。

TensorFlow 2.0 简化了数据读取，其相似度 NumPy 的数据迭代风格，只使用 TensorFlow 中自带的 Dateset API 即可完成数据的迭代，代码如下：

1. 第一步：生成数据

```
import numpy as np
arr_list = np.arange(0,100)
shape = arr_list.shape
```

首先是数据的生成，作者使用 Numpy 做了数据生成，产生了 100 个由 0~99 的数据并存储在 arr_list 中。

2. 第二步：使用 Dataset API 读取数据

下面使用 Dataset 读取 API，代码如下：

```
dataset = tf.data.Dataset.from_tensor_slices(arr_list)
dataset_iterator = dataset.shuffle(shape[0]).batch(10)
```

这里首先使用 Dataset.from_tensor_slices 读取数据，之后使用 shuffle 函数打乱顺序，最终将数据以每个 batch 为 10 输出。

3. 第三步：创建计算模型

创建计算模型是数据处理的关键，这里为了简化起见，作者创建了一个非常简单的模型，即使用 TensorFlow 将输入的数据乘以 0.1 并输出，代码如下：

```
def model(xs):
    # ... 写一些函数
    outputs = tf.multiply(xs,0.1)
    return outputs
```

这里的 model 是一个简单函数的实现，有兴趣的读者可以往里添加更多的内容。

4. 第四步:数据的迭代输出

最后就是读取数据的迭代输出,前面已经做了说明,在 Eager 模式中,Dataset API 是可以自动生成一个新的迭代器,将数据迭代出来。代码如下:

```
for it in dataset_iterator:
    logits = model(it)
    print(logits)
```

这样就构成了一个完整的使用 Eager 模型进行简单数据计算的模型,全部代码如下:

【程序2-4】

```
import tensorflow as tf
import numpy as np
arr_list = np.arange(0,100).astype(np.float32)
shape = arr_list.shape
dataset = tf.data.Dataset.from_tensor_slices(arr_list)
dataset_iterator = dataset.shuffle(shape[0]).batch(10)
def model(xs):
    # ... 写一些函数
    outputs = tf.multiply(xs,0.1)
    return outputs
for it in dataset_iterator:
    logits = model(it)
    print(logits)
```

最终打印结果如图 2.2 所示。

```
tf.Tensor([0 0 0 0 0 0 0 0 0 0], shape=(10,), dtype=int32)
tf.Tensor([0 0 0 0 0 0 0 0 0 0], shape=(10,), dtype=int32)
tf.Tensor([0 0 0 0 0 0 0 0 0 0], shape=(10,), dtype=int32)
tf.Tensor([0 0 0 0 0 0 0 0 0 0], shape=(10,), dtype=int32)
tf.Tensor([0 0 0 0 0 0 0 0 0 0], shape=(10,), dtype=int32)
tf.Tensor([0 0 0 0 0 0 0 0 0 0], shape=(10,), dtype=int32)
tf.Tensor([0 0 0 0 0 0 0 0 0 0], shape=(10,), dtype=int32)
tf.Tensor([0 0 0 0 0 0 0 0 0 0], shape=(10,), dtype=int32)
tf.Tensor([0 0 0 0 0 0 0 0 0 0], shape=(10,), dtype=int32)
tf.Tensor([0 0 0 0 0 0 0 0 0 0], shape=(10,), dtype=int32)
```

图 2.2 打印结果

输出结果显然不符合在程序中既定的模型,即将数列中的数乘以 0.1 并显示,而这里的输出数据却都显示为 0。

究其原因是在 Numpy 数据生成的时候,以 int32 格式为数据的基本生成格式,因此 Eager 在进行计算时无法隐式地将数据转化成 float 类型,从而造成计算失败。

解决的办法也很方便,将数据生成代码改成如下形式:

```
arr_list = np.arange(0,100).astype(np.float32)
```

具体内容请读者自行完成。

2.1.3　使用 TensorFlow 2.0 模式进行线性回归的一个简单的例子

下面我们就以一个线性回归的模型为例，介绍使用 Eager 模型进行机器学习计算的方法，其中涉及到模型参数的保存，以及读取已经保存的模型重新计算。

1. 第一步：模型的工具与数据的生成

首先是模型的定义，这里我们使用一个简单的一元函数模型作为待测定的模型基础，公式如下：

$$y = 3 \times x + 0.217$$

即 3 倍的输入值加上 0.217 作为输出值。

2. 第二步：模型的定义

在这里由于既定的模型是一个一元线性方程，因此在使用 Eager 模型时自定义一个类似的数据模型，代码如下：

```
weight = tfe.Variable(1., name="weight")
bias = tfe.Variable(1., name="bias")
def model(xs):
    logits = tf.multiply(xs, weight) + bias
return logits
```

首先使用固定数据定义模型初始化参数 weight 和 bias，之后一个线性回归模型在初始状态拟合了一元回归模型。

3. 第三步：损失函数的定义

对于使用机器学习进行数据拟合，一个非常重要的内容就是损失函数的编写，它往往决定着数据从空间中的哪个角度去拟合真实数据。

本例使用均方差（MSE）去计算拟合的数据与真实数据之间的误差，代码如下：

```
tf.losses.MeanSquaredError()(model(xs), ys)
```

这是使用 TensorFlow 自带损失函数计算 MSE（均方差）的表示方法，当然也可以使用自定义的损失函数，代码如下：

```
tf.reduce_mean(tf.pow((model(xs) - ys), 2)) / (2 * 1000)
```

这两者是等效的，不过自定义的损失函数可以使程序编写者获得更大的自由度，对新手来说，还是使用定制的损失函数去计算较好，这一点请读者自行斟酌。

4. 第四步：梯度函数的更新计算

下面就是梯度的函数计算，这里可以直接调用 TensorFlow 的优化器，作者选择使用 Adam 优化器作为优化工具，代码如下：

```
opt = tf.train.AdamOptimizer(1e-1)
```

opt 对应的是 TensorFlow 优化器的对应写法。全部代码如下：

【程序 2-5】

```
import tensorflow as tf
import numpy as np
input_xs = np.random.rand(1000)
input_ys = 3 * input_xs + 0.217
weight = tf.Variable(1., dtype=tf.float32, name="weight")
bias = tf.Variable(1., dtype=tf.float32, name="bias")

def model(xs):
    logits = tf.multiply(xs, weight) + bias
    return logits
opt = tf.optimizers.Adam(learning_rate=1e-4)
for xs, ys in zip(input_xs, input_ys):
    xs = np.reshape(xs, [1])
    ys = np.reshape(ys, [1])
    with tf.GradientTape() as tape:
        _loss = tf.reduce_mean(tf.pow((model(xs) - ys), 2)) / (2 * 1000)
    grads = tape.gradient(_loss, [weight, bias])
    opt.apply_gradients(zip(grads, [weight, bias]))
    print('Training loss is :', _loss.numpy())
print(weight)
print(bias)
```

打印结果如图 2.3 所示。

```
Training loss is : 4.4408923e-19
Training loss is : 4.4408923e-19
Training loss is : 0.0
<tf.Variable 'weight:0' shape=() dtype=float32, numpy=3.0>
<tf.Variable 'bias:0' shape=() dtype=float32, numpy=0.21700002>
```

图 2.3 打印结果

可以看到经过迭代计算以后，生成的 weight 值和 bias 值较好地拟合成预定的数据。有 TensorFlow 1.X 编程经验的读者可能会对这种数据更新的方式不习惯，但是需要记住这种写法：

```
grads = tape.gradient(_loss, [weight, bias])
opt.apply_gradients(zip(grads, [weight, bias]))
```

除此之外 Keras 对于梯度的更新采用回调的方式对权重进行更新，代码如下：

```
#    _loss = lambda: tf.losses.MeanSquaredError()(model(xs), ys)
#    opt.minimize(_loss, [weight, bias])              直接更新匿名函数
#    print(_loss().numpy())                           注意打印的_loss后面的括号
```

全部代码如下（函数调用过于复杂，仅供参考）：

【程序 2-6】

```
import tensorflow as tf
import numpy as np
input_xs = np.random.rand(1000)
input_ys = 3 * input_xs + 0.217
weight = tf.Variable(1., dtype=tf.float32, name="weight")
bias = tf.Variable(1., dtype=tf.float32, name="bias")

def model(xs):
   logits = tf.multiply(xs, weight) + bias
   return logits

opt = tf.optimizers.Adam(1e-1)
# for xs, ys in zip(input_xs, input_ys):
#    xs = np.reshape(xs, [1])
#    ys = np.reshape(ys, [1])
#    _loss = lambda: tf.losses.MeanSquaredError()(model(xs), ys)    #匿名回调函数
#    opt.minimize(_loss, [weight, bias])                            #直接对回调函数进行更新
#    print(_loss().numpy())                                         #打印函数计算值
# print(weight)
# print(bias)
```

在这里函数会直接调用，其内部多次用到回调函数，对 Python 有较多研究的读者可以尝试运行一下。

2.2　Hello TensorFlow & Keras

神经网络专家 Rachel Thomas 曾经说过，"接触了 TensorFlow 后，我感觉我还是不够聪明，但有了 Keras 之后，事情会变得简单一些。"

他所提到的 Keras 是一个高级别的 Python 神经网络框架，能在 TensorFlow 上运行的一种高级的 API 框架。Keras 拥有丰富的对数据封装和一些先进模型的实现，避免了"重复造轮子"，如图 2.4 所示。换言之，Keras 对于提升开发者的开发效率来讲意义重大。

图 2.4 TensorFlow+Keras

"不要重复造轮子。"这是 TensorFlow 引入 Keras API 的最终目的，本书还是以 TensorFlow 代码编写为主，Keras 作为辅助工具而使用的，目的是为了简化程序编写，这点请读者一定注意。

本章非常重要，强烈建议读者独立完成每个完整代码和代码段的编写。

2.2.1 MODEL！MODEL！MODEL！还是 MODEL

神经网络的核心就是模型。

任何一个神经网络的主要设计思想和功能都集中在其模型中。

TensorFlow 也是如此。

TensorFlow 或者其使用的高级 API-Keras 核心数据结构是 MODEL，一种组织网络层的方式。最简单的模型是 Sequential 顺序模型，它由多个网络层线性堆叠。对于更复杂的结构，应该使用 Keras 函数式 API（本书的重点就是函数式 API 编写），其允许构建任意的神经网络图。

为了便于理解和易于上手，作者首先从顺序 Sequential 开始。一个标准的顺序 Sequential 模型如下：

```
# Flatten
model = tf.keras.models.Sequential()                    #创建一个Sequential模型
# Add layers
model.add(tf.keras.layers.Dense(256, activation="relu"))   #依次添加层
model.add(tf.keras.layers.Dense(128, activation="relu"))   #依次添加层
model.add(tf.keras.layers.Dense(2, activation="softmax"))  #依次添加层
```

可以看到，这里首先使用创建了一个 Sequential 模型，之后根据需要逐级向其中添加不同的全连接层，全连接层的作用是进行矩阵计算，而相互之间又通过不同的激活函数进行激活计算（这种没有输入输出值的编程方式对有经验的程序设计人员来说并不友好，仅供举例）。

对于损失函数的计算，根据不同拟合方式和数据集的特点，需要建立不同的损失函数去最大程度地反馈拟合曲线错误。这里的损失函数采用交叉熵函数（softmax_crossentroy），使得数据计算分布能够最大限度地拟合目标值。如果对此陌生的话，读者只需要记住这些名词和下面的代码编写即可继续往下学习。代码如下：

```
logits = model(_data)                    #固定的写法
```

```
loss_value = tf.reduce_mean(tf.keras.losses.categorical_crossentropy(y_true = 
lable,y_pred = logits))                                            #固定写法
```

首先通过模型计算出对应的值。这里内部采用的前向调用函数，读者知道即可。之后 tf.reduce_mean 计算出损失函数。

模型建立完毕后，就是数据的准备。一份简单而标准的数据，一个简单而具有指导思想的例子往往事半功倍。深度学习中最常用的一个入门起手例子 Iris 分类，下面就从这个例子开始，最终使用 TensorFlow 2.0 的 Keras 模式实现一个 Iris 鸢尾花分类的例子。

2.2.2　使用 Keras API 实现鸢尾花分类的例子（顺序模式）

Iris 数据集是常用的分类实验数据集，由 Fisher 于 1936 年收集整理。Iris 也称鸢尾花卉数据集，是一类多重变量分析的数据集。数据集包含 150 个数据集，分为 3 类，每类 50 个数据，每个数据包含 4 个属性。可通过花萼长度、花萼宽度、花瓣长度、花瓣宽度 4 个属性预测鸢尾花卉属于 Setosa、Versicolour、Virginica 这 3 个种类中的哪一类，如图 2.5 所示。

图 2.5　鸢尾花

1. 第一步：数据的准备

不需要读者下载这个数据集，一般常用的机器学习工具自带 Iris 数据集，引入数据集的代码如下：

```
from sklearn.datasets import load_iris
data = load_iris()
```

这里调用的是 sklearn 的数据库中 Iris 数据集，直接载入即可。

而其中的数据又是以 key-value 值对应存放，key 值如下：

```
dict_keys(['data', 'target', 'target_names', 'DESCR', 'feature_names'])
```

由于本例中需要 Iris 的特征与分类目标，因此这里只需要获取 data 和 target。代码如下：

```
from sklearn.datasets import load_iris
data = load_iris()
iris_target = data.target
iris_data = np.float32(data.data)          #将其转化为float类型的list
```

数据打印结果如图 2.6 所示。

```
[[5.1 3.5 1.4 0.2]
 [4.9 3.  1.4 0.2]
 [4.7 3.2 1.3 0.2]
 [4.6 3.1 1.5 0.2]
 [5.  3.6 1.4 0.2]]
[0 0 0 0 0]
```

图 2.6　数据打印结果

这里是分别打印了前 5 条数据。可以看到 Iris 数据集中的特征，是分成了 4 个不同特征进行数据记录，而每条特征又对应于一个分类表示。

2. 第二步：数据的处理

下面就是数据处理部分，对特征的表示不需要变动。而对于分类表示的结果，全部打印结果如图 2.7 所示。

```
[0 0 0 0 0 0 0 0 0 0 0 0 0 0 0 0 0 0 0 0 0 0 0 0 0 0 0 0 0 0 0 0 0 0 0 0 0
 0 0 0 0 0 0 0 0 0 0 0 0 0 1 1 1 1 1 1 1 1 1 1 1 1 1 1 1 1 1 1 1 1 1 1 1 1
 1 1 1 1 1 1 1 1 1 1 1 1 1 1 1 1 1 1 1 1 1 1 1 1 1 1 2 2 2 2 2 2 2 2 2 2 2
 2 2 2 2 2 2 2 2 2 2 2 2 2 2 2 2 2 2 2 2 2 2 2 2 2 2 2 2 2 2 2 2 2 2 2 2 2
 2 2]
```

图 2.7　数据处理

这里按数字分成了 3 类，0、1 和 2 分别代表 3 种类型。如果按直接计算的思路可以将数据结果向固定的数字进行拟合，这是一个回归问题。即通过回归曲线去拟合出最终结果。但是本例实际上是一个分类任务，因此需要对其进行分类处理。

分类处理的一个非常简单的方法就是进行 one-hot 处理，即将一个序列化数据分成到不同的数据领域空间进行表示，如图 2.8 所示。

```
[[1. 0. 0.]
 [1. 0. 0.]
 [1. 0. 0.]
 [1. 0. 0.]
 [1. 0. 0.]
 [1. 0. 0.]
```

图 2.8　one-hot 处理

具体在程序处理上，读者可以手动实现 one-hot 的代码表示，也可以使用 Keras 自带的分散工具对数据进行处理，代码如下：

```
iris_target =
np.float32(tf.keras.utils.to_categorical(iris_target,num_classes=3))
```

这里的 num_classes 是分成了 3 类，由一行三列对每个类别进行表示。

交叉熵函数与分散化表示的方法超出了本书的讲解范围，这里就不再做过多介绍，读者只需要知道交叉熵函数需要和 softmax 配合，从分布上向离散空间靠拢即可。

```
iris_data = tf.data.Dataset.from_tensor_slices(iris_data).batch(50)
iris_target = tf.data.Dataset.from_tensor_slices(iris_target).batch(50)
```

当生成的数据读取到内存中并准备以批量的形式打印，使用的是 tf.data.Dataset.from_tensor_slices 函数，并且可以根据具体情况对 batch 进行设置。tf.data.Dataset 函数更多的细节和用法在后面章节中会专门介绍。

3. 第三步：梯度更新函数的写法

梯度更新函数是根据误差的幅度对数据进行更新的方法，代码如下：

```
grads = tape.gradient(loss_value, model.trainable_variables)
opt.apply_gradients(zip(grads, model.trainable_variables))
```

与前面线性回归例子的差别是，使用的 model 直接获取参数的方式对数据进行不断更新而非人为指定，这点请读者注意。至于人为的指定和排除某些参数的方法属于高级程序设计，在后面的章节会介绍。

【程序 2-7】

```
import tensorflow as tf
import numpy as np
from sklearn.datasets import load_iris
data = load_iris()
iris_target = data.target
iris_data = np.float32(data.data)
iris_target =
np.float32(tf.keras.utils.to_categorical(iris_target,num_classes=3))
iris_data = tf.data.Dataset.from_tensor_slices(iris_data).batch(50)
iris_target = tf.data.Dataset.from_tensor_slices(iris_target).batch(50)
model = tf.keras.models.Sequential()
# Add layers
model.add(tf.keras.layers.Dense(32, activation="relu"))
model.add(tf.keras.layers.Dense(64, activation="relu"))
model.add(tf.keras.layers.Dense(3,activation="softmax"))
opt = tf.optimizers.Adam(1e-3)
for epoch in range(1000):
```

```
    for _data,lable in zip(iris_data,iris_target):
        with tf.GradientTape() as tape:
            logits = model(_data)
            loss_value =
tf.reduce_mean(tf.keras.losses.categorical_crossentropy(y_true = lable,y_pred = logits))
            grads = tape.gradient(loss_value, model.trainable_variables)
            opt.apply_gradients(zip(grads, model.trainable_variables))
    print('Training loss is :', loss_value.numpy())
```

最终打印结果如图 2.9 所示。可以看到损失值在符合要求的条件下不停降低，达到预期目标。

```
Training loss is : 0.06653369
Training loss is : 0.066514015
Training loss is : 0.0664944
Training loss is : 0.06647475
Training loss is : 0.06645504

Process finished with exit code 0
```

图 2.9 打印结果

2.2.3 使用 Keras 函数式编程实现鸢尾花分类的例子（重点）

我们在前面也说了，对于有编程经验的程序设计人员来说，顺序编程过于抽象，同时缺乏过多的自由度，因此在较为高级的程序设计中达不到程序设计的目标。

Keras 函数式编程是定义复杂模型（如多输出模型、有向无环图，或具有共享层的模型）的方法。

让我们从一个简单的例子开始，程序 2-7 建立模型的方法是使用顺序编程，即通过逐级添加的方式将数据 "add" 到模型中。这种方式在较低级水平的编程上可以较好地减轻编程的难度，但是在自由度方面会有非常大的影响，例如当需要对输入的数据进行重新计算时，顺序编程方法就不合适。

函数式编程方法类似于传统的编程，只需要建立模型导入输出和输出 "形式参数" 即可。有 TensorFlow 1.X 编程基础的读者可以将其看作是一种新格式的 "占位符"。代码如下：

```
inputs = tf.keras.layers.Input(shape=(4))
# 层的实例是可调用的，它以张量为参数，并且返回一个张量
x = tf.keras.layers.Dense(32, activation='relu')(inputs)
x = tf.keras.layers.Dense(64, activation='relu')(x)
predictions = tf.keras.layers.Dense(3, activation='softmax')(x)
# 这部分创建了一个包含输入层和三个全连接层的模型
model = tf.keras.Model(inputs=inputs, outputs=predictions)
```

下面开始逐对其进行分析。

1. 输入端

首先是 input 的形参：

```
inputs = tf.keras.layers.Input(shape=(4))
```

这一点需要从源码上来看，代码如下：

```
tf.keras.Input(
    shape=None,
    batch_size=None,
    name=None,
    dtype=None,
    sparse=False,
    tensor=None,
    **kwargs
)
```

input 函数用于实例化 Keras 张量，Keras 张量是来自底层后端输入的张量对象，其中增加了某些属性，使其能够通过了解模型的输入和输出来构建 Keras 模型。

input 函数的参数：

- shape：形状元组（整数），不包括批量大小。例如 shape=(32,)表示预期的输入将是 32 维向量的批次。
- batch_size：可选的静态批量大小（整数）。
- name：图层的可选名称字符串。在模型中应该是唯一的（不要重复使用相同的名称两次）。如果未提供，它将自动生成。
- dtype：数据类型由输入预期的，作为字符串（float32、float64、int32）。
- sparse：一个布尔值，指定是否创建占位符是稀疏的。
- tensor：可选的现有张量包裹到 Input 图层中。如果设置，图层将不会创建占位符张量。
- **kwargs：其他的一些参数。

上面是官方对其参数所做的解释，可以看到，这里的 input 函数就是根据设定的维度大小生成一个可供存放对象的张量空间，维度就是 shape 中设定的维度。需要注意的是，与传统的 TensorFlow 不同，这里的 batch 大小是不包含在创建的 shape 中。

举例来说，在一个后续的学习中会遇到 MNIST 数据集，即一个手写图片分类的数据集，每张图片的大小用 4 维来表示[1,28,28,1]。第 1 个数字是每个批次的大小，第 2 和 3 个数字是图片的尺寸大小，第 4 个 1 是图片通道的个数。因此输入到 input 中的数据为：

```
inputs = tf.keras.layers.Input(shape=(28,28,1))     #举例说明,这里4维变成3维,batch
信息不设定
```

2. 中间层

下面每个层的写法与使用顺序模式也是不同：

```
x = tf.keras.layers.Dense(32, activation='relu')(inputs)
```

在这里每个类被直接定义，之后将值作为类实例化以后的输入值进行输入计算。

```
x = tf.keras.layers.Dense(32, activation='relu')(inputs)
x = tf.keras.layers.Dense(64, activation='relu')(x)
predictions = tf.keras.layers.Dense(3, activation='softmax')(x)
```

因此可以看到这里与顺序最大的区别就在于实例化类以后有对应的输入端，这一点较为符合一般程序的编写习惯。

3. 输出端

对于输出端不需要额外的表示，直接将计算的最后一个层作为输出端即可：

```
predictions = tf.keras.layers.Dense(3, activation='softmax')(x)
```

4. 模型的组合方式

对于模型的组合方式也是很简单的，直接将输入端和输出端在模型类中显式的注明，Keras即可在后台将各个层级通过输入和输出对应的关系连接在一起。

```
model = tf.keras.Model(inputs=inputs, outputs=predictions)
```

完整的代码如下：

【程序2-8】

```
import tensorflow as tf
import numpy as np
from sklearn.datasets import load_iris
data = load_iris()
iris_target = data.target
iris_data = np.float32(data.data)
iris_target = np.float32(tf.keras.utils.to_categorical(iris_target,num_classes=3))
print(iris_target)
iris_data = tf.data.Dataset.from_tensor_slices(iris_data).batch(50)
iris_target = tf.data.Dataset.from_tensor_slices(iris_target).batch(50)
inputs = tf.keras.layers.Input(shape=(4))
# 层的实例是可调用的，它以张量为参数，并且返回一个张量
x = tf.keras.layers.Dense(32, activation='relu')(inputs)
x = tf.keras.layers.Dense(64, activation='relu')(x)
predictions = tf.keras.layers.Dense(3, activation='softmax')(x)
# 这部分创建了一个包含输入层和三个全连接层的模型
model = tf.keras.Model(inputs=inputs, outputs=predictions)
```

```
opt = tf.optimizers.Adam(1e-3)
for epoch in range(1000):
    for _data,lable in zip(iris_data,iris_target):
        with tf.GradientTape() as tape:
            logits = model(_data)
            loss_value = tf.reduce_mean(tf.keras.losses.categorical_crossentropy(y_true = lable,y_pred = logits))
            grads = tape.gradient(loss_value, model.trainable_variables)
            opt.apply_gradients(zip(grads, model.trainable_variables))
print('Training loss is :', loss_value.numpy())
model.save('./saver/the_save_model.h5')
```

程序 2-8 的基本架构对照前面的例子没有多少变化，损失函数和梯度更新方法是固定的写法，这里最大的不同点在于，代码使用了 model 自带的 saver 函数对数据进行保存。在 TensorFlow 2.0 中，数据的保存是由 Keras 完成，即将图和对应的参数完整地保存在 h5 格式中。

2.2.4 使用保存的 Keras 模式对模型进行复用

前面已经说过，对于保存的文件，Keras 是将所有的信息都保存在 h5 文件中，这里包含的所有模型结构信息和训练过的参数信息。

```
new_model = tf.keras.models.load_model('./saver/the_save_model.h5')
```

tf.keras.models.load_model 函数是从给定的地址中载入 h5 模型，载入完成后，会依据存档自动建立一个新的模型。

模型的复用可直接调用模型 predict 函数：

```
new_prediction = new_model.predict(iris_data)
```

这里是直接将 Iris 数据作为预测数据进行输入。全部代码如下：

【程序 2-9】

```
import tensorflow as tf
import numpy as np
from sklearn.datasets import load_iris
data = load_iris()
iris_data = np.float32(data.data)
iris_target = (data.target)
iris_target = np.float32(tf.keras.utils.to_categorical(iris_target,num_classes=3))
new_model = tf.keras.models.load_model('./saver/the_save_model.h5')    #载入模型
new_prediction = new_model.predict(iris_data)                          #进行预测

print(tf.argmax(new_prediction,axis=-1))                               #打印预测结果
```

最终结果如图 2.10 所示，可以看到计算结果被完整打印出来。

```
tf.Tensor(
[0 0 0 0 0 0 0 0 0 0 0 0 0 0 0 0 0 0 0 0 0 0 0 0 0 0 0 0 0 0
 0 0 0 0 0 0 0 0 0 0 0 0 0 0 0 0 0 0 0 0 1 1 1 1 1 1 1 1 1 1 1 1 1 1 1 1 1 1 1 1 1 1 1 1 1 1 1 1 2 1 1 1
 1 1 1 1 1 1 1 1 1 2 1 1 1 1 1 1 1 1 1 1 1 1 1 1 1 1 1 1 2 2 2 2 2 2 2 2 2
 2 2 2 2 2 2 2 2 2 2 2 2 2 2 2 2 2 2 2 2 1 2 2 2 2 2 2 2 2 2 2 2 2 2 2 2
 2 2], shape=(150,), dtype=int64)
```

图 2.10 打印结果

2.2.5 使用 TensorFlow 2.0 标准化编译对 Iris 模型进行拟合

在 2.1.3 小节中，作者使用了符合传统 TensorFlow 习惯的梯度更新方式对参数进行更新。然实际这种看起来符合编程习惯的梯度计算和更新方法，可能并不符合大多数有机器学习使用经验的读者使用。本节就以修改后的 Iris 分类为例，讲解标准化 TensorFlow 2.0 的编译方法。

对于大多数机器学习的程序设计人员来说，往往习惯了使用 fit 函数和 compile 函数对数据进行数据载入和参数分析。代码如下（请读者先运行，后面会有详细的运行分析）：

【程序 2-10】

```python
import tensorflow as tf
import numpy as np
from sklearn.datasets import load_iris

data = load_iris()
iris_data = np.float32(data.data)
iris_target = (data.target)
iris_target = np.float32(tf.keras.utils.to_categorical(iris_target,num_classes=3))
train_data = tf.data.Dataset.from_tensor_slices((iris_data,iris_target)).batch(128)
input_xs = tf.keras.Input(shape=(4), name='input_xs')
out = tf.keras.layers.Dense(32, activation='relu', name='dense_1')(input_xs)
out = tf.keras.layers.Dense(64, activation='relu', name='dense_2')(out)
logits = tf.keras.layers.Dense(3, activation="softmax",name='predictions')(out)
model = tf.keras.Model(inputs=input_xs, outputs=logits)
opt = tf.optimizers.Adam(1e-3)
model.compile(optimizer=tf.optimizers.Adam(1e-3),
loss=tf.losses.categorical_crossentropy,
metrics = ['accuracy'])
model.fit(train_data, epochs=500)
score = model.evaluate(iris_data, iris_target)

print("last score:",score)
```

下面我们详细分析一下代码。

1. 数据的获取

本例还是使用了 sklearn 中的 Iris 数据集作为数据来源，之后将 target 转化成 one-hot 的形式进行存储。顺便提一句，TensorFlow 本身也带有 one-hot 函数，即 tf.one_hot，有兴趣的读者可以自行学习。

数据读取之后的处理在后文讲解，这个问题先放一下，请读者继续往下阅读。

2. 模型的建立和参数更新

这里不准备采用新模型的建立方法，对于读者来说，熟悉函数化编程已经能够应付绝对多数的深度学习模型的建立。在后面章节中，我们会教会读者自定义某些层的方法。

对于梯度的更新，到目前为止的程序设计中都是采用了类似回传调用等方式对参数进行更新，这是由程序设计者手动完成的。然而 TensorFlow 2.0 推荐使用自带的梯度更新方法，代码如下：

```
model.compile(optimizer=tf.optimizers.Adam(1e-3),
loss=tf.losses.categorical_crossentropy,metrics = ['accuracy'])
model.fit(train_data, epochs=500)
```

complie 函数是模型适配损失函数和选择优化器的专用函数，而 fit 函数的作用是把训练参数加载进模型中。下面分别对其进行讲解。

（1）compile

compile 函数的作用是 TensorFlow 2.0 中用于配置训练模型专用编译函数。源码如下：

```
compile(optimizer, loss=None, metrics=None, loss_weights=None,
sample_weight_mode=None, weighted_metrics=None, target_tensors=None)
```

这里我们主要介绍其中最重要的 3 个参数 optimizer、loss 和 metrics。

- optimizer：字符串（优化器名）或者优化器实例。
- loss：字符串（目标函数名）或目标函数。如果模型具有多个输出，可以通过传递损失函数的字典或列表，在每个输出上使用不同的损失。模型最小化的损失值将是所有单个损失的总和。
- metrics：在训练和测试期间的模型评估标准。通常会使用 metrics = ['accuracy']。要为多输出模型的不同输出指定不同的评估标准，还可以传递一个字典，如 metrics = {'output_a': 'accuracy'}。
- 可以看到，优化器（optimizer）被传入了选定的优化器函数，loss 是损失函数，这里也被传入选定的多分类 crossentry 函数。metrics 用来评估模型的标准，一般用准确率表示。

实际上，compile 编译函数是一个多重回调函数的集合，对于所有的参数来说，实际上就是根据对应函数的"地址"回调对应的函数，并将参数传入。

举个例子，在上面编译器中我们传递的是一个 TensorFlow 2.0 自带的损失函数，而实际上

往往由于针对不同的计算和误差需要不同的损失函数,这里自定义一个均方差(MSE)损失函数,代码如下:

```
def my_MSE(y_true , y_pred):
   my_loss = tf.reduce_mean(tf.square(y_true - y_pred))
   return my_loss
```

这个损失函数接收 2 个参数,分别是 y_true 和 y_pred,即预测值和真实值的形式参数。之后根据需要计算出真实值和预测值之间的误差。

损失函数名作为地址传递给 compile 后,即可作为自定义的损失函数在模型中进行编译。代码如下:

```
opt = tf.optimizers.Adam(1e-3)
def my_MSE(y_true , y_pred):
   my_loss = tf.reduce_mean(tf.square(y_true - y_pred))
   return my_loss
model.compile(optimizer=tf.optimizers.Adam(1e-3), loss=my_MSE,metrics = ['accuracy'])
```

至于优化器的自定义实际上也是可以的。但是,一般情况下优化器的编写需要比较高的编程技巧以及对模型的理解,这里读者直接使用 TensorFlow 2.0 自带的优化器即可。

(2) fit

fit 函数的作用是以给定数量的轮次(数据集上的迭代)训练模型。其主要参数有如下 4 个:

- x: 训练数据的 NumPy 数组(如果模型只有一个输入),或者是 NumPy 数组的列表(如果模型有多个输入)。如果模型中的输入层被命名,你也可以传递一个字典,将输入层名称映射到 NumPy 数组。如果从本地框架张量馈送(例如 TensorFlow 数据张量)数据,x 可以是 None(默认)。
- y: 目标(标签)数据的 NumPy 数组(如果模型只有一个输出),或者是 NumPy 数组的列表(如果模型有多个输出)。如果模型中的输出层被命名,你也可以传递一个字典,将输出层名称映射到 NumPy 数组。如果从本地框架张量馈送(例如 TensorFlow 数据张量)数据,y 可以是 None(默认)。
- batch_size: 整数或 None。每次梯度更新的样本数。如果未指定,默认为 32。
- epochs: 整数。训练模型迭代轮次。一个轮次是在整个 x 和 y 上的一轮迭代。请注意,与 initial_epoch 一起,epochs 被理解为"最终轮次"。模型并不是训练了 epochs 轮,而是到第 epochs 轮停止训练。

fit 函数的主要作用就是对输入的数据进行修改,如果读者已经成功运行了程序 2-10,那么现在换一种略微修改后的代码,重新运行 Iris 数据集。代码如下:

【程序 2-11】

```
import tensorflow as tf
```

```
import numpy as np
from sklearn.datasets import load_iris

data = load_iris()
#数据的形式
iris_data = np.float32(data.data)                    #数据读取
iris_target = (data.target)
iris_target = 
np.float32(tf.keras.utils.to_categorical(iris_target,num_classes=3))
input_xs = tf.keras.Input(shape=(4), name='input_xs')
out = tf.keras.layers.Dense(32, activation='relu', name='dense_1')(input_xs)
out = tf.keras.layers.Dense(64, activation='relu', name='dense_2')(out)
logits = tf.keras.layers.Dense(3, activation="softmax",name='predictions')(out)
model = tf.keras.Model(inputs=input_xs, outputs=logits)
opt = tf.optimizers.Adam(1e-3)
model.compile(optimizer=tf.optimizers.Adam(1e-3),
loss=tf.losses.categorical_crossentropy,metrics = ['accuracy'])
model.fit(x=iris_data,y=iris_target,batch_size=128, epochs=500)     #fit 函数载入数据
score = model.evaluate(iris_data, iris_target)

print("last score:",score)
```

对比程序 2-10 和程序 2-11 可以看到，它们最大的不同在于数据读取方式的变化。更为细节的做出比较，在程序 2-10 中，数据的读取方式和 fit 函数的载入方式如下：

```
iris_data = np.float32(data.data)
iris_target = (data.target)
iris_target = 
np.float32(tf.keras.utils.to_categorical(iris_target,num_classes=3))
train_data = 
tf.data.Dataset.from_tensor_slices((iris_data,iris_target)).batch(128)
……
model.fit(train_data, epochs=500)
```

Iris 的数据读取被分成 2 个部分，分别是数据特征部分和 label 分布。而 label 部分使用 Keras 自带的工具进行离散化处理。

离散化后处理的部分又被 tf.data.Dataset API 整合成一个新的数据集，并且依 batch 被切分成多个部分。

此时 fit 的处理对象是一个被 tf.data.Dataset API 处理后的一个 Tensor 类型数据，并且在切分的时候依照整合的内容被依次读取。在读取的过程中，由于它是一个 Tensor 类型的数据，fit 内部的 batch_size 划分不起作用，而使用生成数据的 tf 中数据生成器的 batch_size 划分。如果读者对其还是不能够理解的话，可以使用如下代码段打印重新整合后的 train_data 中的数据

看看，代码如下：

```
for iris_data,iris_target in train_data
```

现在回到程序 2-11 中，作者取出对应于数据读取和载入的部分如下：

```
#数据的形式
iris_data = np.float32(data.data)              #数据读取
iris_target = (data.target)
iris_target = np.float32(tf.keras.utils.to_categorical(iris_target,num_classes=3))
……
model.fit(x=iris_data,y=iris_target,batch_size=128, epochs=500)     #fit 函数载入数据
```

可以看到数据在读取和载入的过程中没有变化，将处理后的数据直接输入到 fit 函数中供模式使用。此时由于是直接对数据进行操作，因此对数据的划分由 fit 函数负责，此时 fit 函数中的 batch_size 被设定为 128。

2.2.6　多输入单一输出 TensorFlow 2.0 编译方法（选学）

在前面内容的学习中，我们采用的是标准化的深度学习流程，即数据的准备与处理、数据的输入与计算，以及最后结果的打印。虽然在真实情况中可能会遇到各种各样的问题，但是基本步骤是不会变的。

这里存在一个非常重要的问题，在模型的计算过程中，如果遇到多个数据输入端应该怎么处理，如图 2.11 所示。

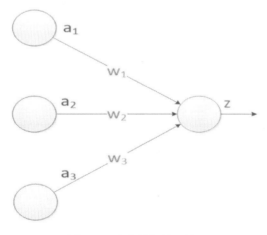

图 2.11　多个数据输入端

以 Tensor 格式的数据为例，在数据的转化部分就需要将数据进行"打包"处理，即将不同的数据按类型进行打包。如下所示：

```
输入1，输入2，输入3，标签 -> (输入1，输入2，输入3)，标签
```

请注意小括号的位置,这里显示的将数据分成 2 个部分,输入与标签两类。而多输入的部分被使用小括号打包在一起形成一个整体。

下面还是以 Iris 数据集为例讲解多数据输入的问题。

1. 第一步:数据的获取与处理

从前面的介绍可以知道,Iris 数据集每行是一个由 4 个特征组合在一起表示的特征集合,此时可以人为地将其切分,即将长度为 4 的特征转化成一个长度为 3 和一个长度为 1 的两个特征集合。代码如下:

```
import tensorflow as tf
import numpy as np
from sklearn.datasets import load_iris

data = load_iris()
iris_data = np.float32(data.data)
iris_data_1 = []
iris_data_2 = []

for iris in iris_data:
    iris_data_1.append(iris[0])
    iris_data_2.append(iris[1:4])
```

打印其中的一条数据,如下所示:

```
5.1
[3.5 1.4 0.2]
```

可以看到,一行 4 列的数据被拆分成 2 组特征。

2. 第二步:模型的建立

接下来就是模型的建立,这里数据被人为地拆分成 2 个部分,因此在模型的输入端,也要能够对应处理 2 组数据的输入。

```
input_xs_1 = tf.keras.Input(shape=(1,), name='input_xs_1')
input_xs_2 = tf.keras.Input(shape=(3,), name='input_xs_2')
input_xs = tf.concat([input_xs_1,input_xs_2],axis=-1)
```

可以看到代码中分别建立了 input_xs_1 和 input_xs_2 作为数据的接收端接受传递进来的数据,之后通过一个 concat 重新将数据组合起来,恢复成一条 4 特征的集合。

```
out = tf.keras.layers.Dense(32, activation='relu', name='dense_1')(input_xs)
out = tf.keras.layers.Dense(64, activation='relu', name='dense_2')(out)
logits = tf.keras.layers.Dense(3, activation="softmax",name='predictions')(out)
model = tf.keras.Model(inputs=[input_xs_1,input_xs_2], outputs=logits)
```

对剩余部分的数据处理没有变化，按前文程序处理即可。

3. 第三步：数据的组合

切分后的数据需要重新对其进行组合，生成能够符合模型需求的 Tensor 数据。这里最为关键的是在模型中对输入输出格式的定义，把模式的输入输出格式拆出如下：

```
input = 【输入1，输入2】, outputs = 输出        #请注意model中的中括号
```

因此在 Tensor 建立的过程中，也要按模型输入的格式创建对应的数据集。格式如下：

```
((输入1, 输入2),输出)
```

请注意这里的括号有几重，这里我们采用了 2 层括号对数据进行包裹，即首先将输入 1 和输入 2 包裹成一个输入数据，之后重新打包输出，共同组成一个数据集。转化 Tensor 数据代码如下：

```
train_data = tf.data.Dataset.from_tensor_slices(((iris_data_1,iris_data_2),iris_target)).batch(128)
```

> **注　意**
>
> 请读者一定注意小括号的层数。

完整代码如下：

【程序 2-12】

```
import tensorflow as tf
import numpy as np
from sklearn.datasets import load_iris

data = load_iris()
iris_data = np.float32(data.data)
iris_data_1 = []
iris_data_2 = []
for iris in iris_data:
    iris_data_1.append(iris[0])
    iris_data_2.append(iris[1:4])
iris_target = np.float32(tf.keras.utils.to_categorical(data.target,num_classes=3))

#注意数据的包裹层数
train_data = tf.data.Dataset.from_tensor_slices(((iris_data_1,iris_data_2),iris_target)).batch(128)
```

```
input_xs_1 = tf.keras.Input(shape=(1,), name='input_xs_1')      #接收输入参数一
input_xs_2 = tf.keras.Input(shape=(3,), name='input_xs_2')      #接收输入参数二
input_xs = tf.concat([input_xs_1,input_xs_2],axis=-1)           #重新组合参数
out = tf.keras.layers.Dense(32, activation='relu', name='dense_1')(input_xs)
out = tf.keras.layers.Dense(64, activation='relu', name='dense_2')(out)
logits = tf.keras.layers.Dense(3, activation="softmax",name='predictions')(out)
model = tf.keras.Model(inputs=[input_xs_1,input_xs_2], outputs=logits)   #请注意
model中的中括号
opt = tf.optimizers.Adam(1e-3)
model.compile(optimizer=tf.optimizers.Adam(1e-3),
loss=tf.losses.categorical_crossentropy,metrics = ['accuracy'])
model.fit(x = train_data, epochs=500)
score = model.evaluate(train_data)

print("多头 score: ",score)
```

最终结算结果如图 2.12 所示。

```
1/2 [==============>...............] - ETA: 0s - loss: 0.1158 - accuracy: 0.9609
2/2 [==============================] - 0s 0s/step - loss: 0.0913 - accuracy: 0.9667
Epoch 500/500

1/2 [==============>...............] - ETA: 0s - loss: 0.1157 - accuracy: 0.9609
2/2 [==============================] - 0s 0s/step - loss: 0.0912 - accuracy: 0.9667

1/2 [==============>...............] - ETA: 0s - loss: 0.1155 - accuracy: 0.9609
2/2 [==============================] - 0s 31ms/step - loss: 0.0829 - accuracy: 0.9667
多头score: [0.08285454660654068, 0.96666664]
```

图 2.12 打印结果

对于认真阅读本书的读者来说，这个最终的打印结果应该见过很多次了，在这里 TensorFlow 2.0 默认输出了每个循环结束后的 loss 值，并且按 compile 函数中设定的内容输出准确率（accuary）值。最后的 evaluate 函数是通过对测试集中的数据进行重新计算，从而获取在测试集中的损失值和准确率。本例使用训练数据代替测试数据。

在程序 2-12 中数据的准备是使用 tf.data API 完成，即通过打包的方式将数据输出，也可以直接将输入的数据输入到模型中进行训练。代码如下：

【程序 2-13】

```
import tensorflow as tf
import numpy as np
from sklearn.datasets import load_iris

data = load_iris()
iris_data = np.float32(data.data)
iris_data_1 = []
iris_data_2 = []
for iris in iris_data:
```

```
    iris_data_1.append(iris[0])
    iris_data_2.append(iris[1:4])
iris_target =
np.float32(tf.keras.utils.to_categorical(data.target,num_classes=3))
input_xs_1 = tf.keras.Input(shape=(1,), name='input_xs_1')
input_xs_2 = tf.keras.Input(shape=(3,), name='input_xs_2')
input_xs = tf.concat([input_xs_1,input_xs_2],axis=-1)

out = tf.keras.layers.Dense(32, activation='relu', name='dense_1')(input_xs)
out = tf.keras.layers.Dense(64, activation='relu', name='dense_2')(out)
logits = tf.keras.layers.Dense(3, activation="softmax",name='predictions')(out)
model = tf.keras.Model(inputs=[input_xs_1,input_xs_2], outputs=logits)
opt = tf.optimizers.Adam(1e-3)
model.compile(optimizer=tf.optimizers.Adam(1e-3),
loss=tf.losses.categorical_crossentropy,metrics = ['accuracy'])
model.fit(x = ([iris_data_1,iris_data_2]),y=iris_target,batch_size=128,
epochs=500)
score = model.evaluate(x=([iris_data_1,iris_data_2]),y=iris_target)

print("多头 score: ",score)
```

最终打印结果请读者自行验证,需要注意的是其中数据的包裹情况。

2.2.7 多输入多输出 TensorFlow 2.0 编译方法(选学)

读者已经知道了多输入单一输出的 TensorFlow 2.0 的写法,而在实际编程中有没有可能遇到多输入多输出的情况。

事实上是有的。虽然读者可能遇到的情况会很少,但是在必要的时候还是需要设计多输出的神经网络模型去进行训练,例如"bert"模型。

对于多输出模型的写法,实际上也可以仿照单一输出模型改为多输入模型的写法,将 output 的数据使用中括号进行包裹。

```
iris_data_1 = []
iris_data_2 = []
for iris in iris_data:
    iris_data_1.append(iris0:[2])
    iris_data_2.append(iris[2:])
iris_label = data.target
iris_target =
np.float32(tf.keras.utils.to_categorical(data.target,num_classes=3))
train_data = tf.data.Dataset.from_tensor_slices(((iris_data_1,iris_data_2),
(iris_target,iris_label))).batch(128)
```

首先是对数据的修正和设计,数据的输入被平均分成 2 组,每组有 2 个特征。这实际上没什么变化。而对于特征的分类，在引入 one-hot 处理的分类数据集外，还保留了数据分类本身的真实值作目标的辅助分类计算结果。而无论是多输入还是多输出，此时都使用打包的形式将数据重新打包成一个整体的数据集合。

在 fit 函数中，直接是调用了打包后的输入数据即可。

```
model.fit(x = train_data, epochs=500)
```

完整代码如下：

【程序 2-14】

```
import tensorflow as tf
import numpy as np
from sklearn.datasets import load_iris

data = load_iris()
iris_data = np.float32(data.data)
iris_data_1 = []
iris_data_2 = []
for iris in iris_data:
    iris_data_1.append(iris[:2])
    iris_data_2.append(iris[2:])
iris_label = data.target
iris_target = np.float32(tf.keras.utils.to_categorical(data.target,num_classes=3))
train_data = tf.data.Dataset.from_tensor_slices(((iris_data_1,iris_data_2),(iris_target,iris_label))).batch(128)
input_xs_1 = tf.keras.Input(shape=(2), name='input_xs_1')
input_xs_2 = tf.keras.Input(shape=(2), name='input_xs_2')
input_xs = tf.concat([input_xs_1,input_xs_2],axis=-1)

out = tf.keras.layers.Dense(32, activation='relu', name='dense_1')(input_xs)
out = tf.keras.layers.Dense(64, activation='relu', name='dense_2')(out)
logits = tf.keras.layers.Dense(3, activation="softmax",name='predictions')(out)
label = tf.keras.layers.Dense(1,name='label')(out)
model = tf.keras.Model(inputs=[input_xs_1,input_xs_2], outputs=[logits,label])
opt = tf.optimizers.Adam(1e-3)
def my_MSE(y_true , y_pred):
    my_loss = tf.reduce_mean(tf.square(y_true - y_pred))
    return my_loss
model.compile(optimizer=tf.optimizers.Adam(1e-3), loss={'predictions': tf.losses.categorical_crossentropy, 'label': my_MSE},loss_weights={'predictions': 0.1, 'label': 0.5},metrics = ['accuracy'])
model.fit(x = train_data, epochs=500)
```

```
score = model.evaluate(train_data)

print("多头 score: ",score)
```

输出结果如图 2.13 所示。

```
ETA: 0s - loss: 0.0106 - predictions_loss: 0.0463 - label_loss: 0.0118 - predictions_accuracy: 0.9844 - label_accurac
0s 3ms/step - loss: 0.0075 - predictions_loss: 0.0304 - label_loss: 0.0071 - predictions_accuracy: 0.9867 - label_acc

ETA: 0s - loss: 0.0107 - predictions_loss: 0.0474 - label_loss: 0.0120 - predictions_accuracy: 0.9844 - label_accurac
0s 53ms/step - loss: 0.0064 - predictions_loss: 0.0304 - label_loss: 0.0067 - predictions_accuracy: 0.9867 - label_ac
```

图 2.13 打印结果

限于篇幅关系，这里也只给出一部分结果，相信读者能够理解输出的数据内容。

2.3 全连接层详解

学完前面内容后，读者对 TensorFlow 2.0 程序设计有了比较深入的理解，甚至会不会觉得自己很厉害呢？那么作者的目的也就达到了。

不过又有一个问题来了，这里一直在使用的、反复提及的全连接层，到底是一个什么样的存在？本节我们详解一下。

2.3.1 全连接层的定义与实现

全连接层的每一个结点都与上一层的所有结点相连，用来把前边提取到的特征综合起来。由于其全相连的特性，一般全连接层的参数也是最多的。图 2.14 所示的是一个简单的全连接网络。

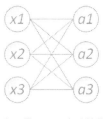

图 2.14 全连接层

其推导过程如下：

w11×x1 + w12×x2 + w13×x3 = a1
w21×x1 + w22×x2 + w23×x3 = a2
w31×x1 + w32×x2 + w33×x3 = a3

如果将推导公式转化一下写法如下：

[w11,w12,w13][x1][a1]
[w21,w22,w33]* [x2]= [a2]
[w31,w32,w33][x3][a3]

可以看到，全连接的核心操作就是矩阵向量乘积：w * x = y。

下面举一个例子，使用 TensorFlow 2.0 自带的 API 实现一个简单的矩阵计算。

[1,1]   [1]
[2,2]*   [1]= [?]

首先作者通过公式计算对数据做一个先行验证，按推导公式计算如下：

(1x1 + 1x1) + 0.17 = 2.17
(2x1 + 2x1) + 0.17 = 4.17

这样最终形成了一个新的矩阵[2,17,4,17]。代码如下：

【程序 2-15】

```python
import tensorflow as tf
weight = tf.Variable([[1.],[1.]])                       #创建参数 weigiht
bias  = tf.Variable([[0.17]])                           #创建参数 bias
input_xs = tf.constant([[1.,1.],[2.,2.]])               #创建输入值
matrix = tf.matmul(input_xs,weight) + bias              #计算结果
print(matrix)                                           #打印结果
```

最终打印结果如下：

```
tf.Tensor([[2.17] [4.17]], shape=(2, 1), dtype=float32)
```

可以看到，最终计算出一个 Tensor，大小为 shape=(2, 1)，类型为 float32，其值为[[2.17] [4.17]]。

计算本身非常简单，全连接的计算方法相信读者也很容易掌握，现在回到代码中，请注意我们在定义参数和定义输入值的时候，采用的不同写法：

```python
weight = tf.Variable([[1.],[1.]])
input_xs = tf.constant([[1.,1.],[2.,2.]])
```

这里对参数的定义，作者使用的是 Variable 函数。而对输入值的定义，作者使用的是 constant 函数，将其对应内容打印如下：

```
<tf.Variable 'Variable:0' shape=(2, 1) dtype=float32, numpy=array([[1.], [1.]],
dtype=float32)>
```

input_xs 打印如下：

```
tf.Tensor([[1. 1.]
        [2. 2.]], shape=(2, 2), dtype=float32)
```

通过对比可以看到，这里的 weight 被定义成一个可变参数 Variable 类型，供在后续的反向计算中进行调整。constant 函数是直接读取数据并将其定义成 Tensor 格式。

2.3.2 使用 TensorFlow 2.0 自带的 API 实现全连接层

读者千万不要有错误的理解，在上一节中编写的程序 2-15 仅仅是为了向读者介绍全连接层的计算方法，而不是介绍全连接层。全连接本质就是由一个特征空间线性变换到另一个特征空间。目标空间的任一维——也就是隐层的一个节点——都认为会受到源空间的每一维的影响。可以不那么严谨地说，目标向量是源向量的加权和。

全连接层一般是接在特征提取网络之后，用作对特征的分类器。全连接常出现在最后几层，用于对前面设计的特征作加权和。前面的网络相当于做特征工程，后面的全连接相当于做特征加权。

具体的神经网络差值反馈算法将在第 3 章中介绍。

下面我们就使用自定义的方法，实现某一个可以加载到 model 中的"自定义全连接层"。

1. 自定义层的继承

TensorFlow 2.0 中，任何一个自定义的层都是继承自 tf.keras.layers.Layer，我们将其称作"父层"，如图 2.15 所示。这里所谓的自定义层实际上是父层的一个具体实现。

```
▼ © Layer(module.Module)
    m __init__(self, trainable=True, name=None, dtype=None, dynamic=False, **kwargs)
    m build(self, input_shape)
    m call(self, inputs, **kwargs)
    m add_weight(self, name=None, shape=None, dtype=None, initializer=None, regularizer
    m get_config(self)
    m from_config(cls, config)
    m compute_output_shape(self, input_shape)
    m compute_output_signature(self, input_signature)
    m compute_mask(self, inputs, mask=None)
```

图 2.15 父层

从图上可以看到，Layer 层中又是由多个函数构成，因此基于继承的关系，如果想要实现自定义的层，那么必须对其中的函数进行实现。

2. "父层"函数介绍

所谓的"父层"就是这里自定义的层继承自哪里，告诉 TensorFlow 2.0 框架代码遵守"父层"的函数，请实现代码自定义的功能。

Layer 层中需要自定义的函数有很多，但是在实际使用时一般只需要定义那些必须使用的函数。例如 build、call 函数，以及初始化所必须的 __init__ 函数。

- __init__ 函数：首先是一些必要参数的初始化，这些参数的初始化写在 def __init__(self,) 中，然后是一些参数的初始化。写法如下：

```
class MyLayer(tf.keras.layers.Layer):              #显示继承自 Layer 层
    def __init__(self, output_dim):                #init 中显示确定参数
        self.output_dim = output_dim               #载入参数进类中
        super(MyLayer, self).__init__()            #向父类注册
```

可以看到，init 函数中最重要的就是显式地确定所需要的一些参数。特别值得注意的是，对于输入的 init 中的参数，输入 Tensor 不会在这里进行标注，init 值初始化的是模型参数。输入值不属于"模型参数"。

- build 函数：build 函数的内容主要是声明需要更新的参数部分，如权重等，一般使用 self.kernel = tf.Variable(shape=[ ])等来声明需要更新的参数变量：

```
def build(self, input_shape):    #build 函数参数中的 input_shape 形参是固定不变的写法
    self.weight =
tf.Variable(tf.random.normal([input_shape[-1],self.output_dim]),
name="dense_weight")
    self.bias = tf.Variable(tf.random.normal([self.output_dim]),
name="bias_weight",trainable=self.trainable)
    super(MyLayer, self).build(input_shape)  # Be sure to call this somewhere!
```

build 函数参数中的 input_shape 形参是固定不变的写法，读者不要修改即可，其中自定义的参数需要加上 self，表明是在类中使用的全局参数。

代码最后的 super(MyLayer, self).build(input_shape)，目前读者只需要记得这种写法，在 build 的最后确定参数定义结束。

- call 函数：call 函数是最重要的函数，这部分代码包含了主要层的实现。

init 是对参数做了定义和声明；build 函数是对权重可变参数做声明。

这两个函数只是定义了一些初始化的参数以及一些需要更新的参数变量，而真正实现所定义类的作用是在 call 方法中。

```
def call(self, input_tensor):                                    #这里声明输入 Tensor
    out = tf.matmul(input_tensor,self.weight) + self.bias        #计算
    out = tf.nn.relu(out)                                        #计算
    out = tf.keras.layers.Dropout(0.1)(out)                      #计算
    return out                                                   #输出结果
```

可以看到 call 中的一系列操作是对 __init__ 和 build 中变量参数的应用，所有的计算都在 call 函数中完成，并且需要注意的是，输入的参数也在这里出现，经过计算后将计算值返回。

```
class MyLayer(tf.keras.layers.Layer):
    def __init__(self, output_dim,trainable = True):
        self.output_dim = output_dim
        self.trainable = trainable
        super(MyLayer, self).__init__()
```

```
    def build(self, input_shape):
        self.weight = tf.Variable(tf.random.normal([input_shape[-1],self.output_dim]), name="dense_weight")
        self.bias = tf.Variable(tf.random.normal([self.output_dim]), name="bias_weight")
        super(MyLayer, self).build(input_shape)  # Be sure to call this somewhere!

    def call(self, input_tensor):
        out = tf.matmul(input_tensor,self.weight) + self.bias
        out = tf.nn.relu(out)
        out = tf.keras.layers.Dropout(0.1)(out)
        return out
```

下面我们就使用自定义的层修改 Iris 模型。代码如下:

【程序 2-16】

```
import tensorflow as tf
import numpy as np
from sklearn.datasets import load_iris
data = load_iris()
iris_data = np.float32(data.data)
iris_target = (data.target)
iris_target = np.float32(tf.keras.utils.to_categorical(iris_target,num_classes=3))
train_data = tf.data.Dataset.from_tensor_slices((iris_data,iris_target)).batch(128)
#自定义的层-全连接层
class MyLayer(tf.keras.layers.Layer):
    def __init__(self, output_dim):
        self.output_dim = output_dim
        super(MyLayer, self).__init__()
    def build(self, input_shape):
        self.weight = tf.Variable(tf.random.normal([input_shape[-1],self.output_dim]), name="dense_weight")
        self.bias = tf.Variable(tf.random.normal([self.output_dim]), name="bias_weight")
        super(MyLayer, self).build(input_shape)  # Be sure to call this somewhere!
    def call(self, input_tensor):
        out = tf.matmul(input_tensor,self.weight) + self.bias
        out = tf.nn.relu(out)
```

```
        out = tf.keras.layers.Dropout(0.1)(out)
        return out

input_xs = tf.keras.Input(shape=(4), name='input_xs')
out = tf.keras.layers.Dense(32, activation='relu', name='dense_1')(input_xs)
out = MyLayer(32)(out)                    #自定义层
out = MyLayer(48)(out)                    #自定义层
out = tf.keras.layers.Dense(64, activation='relu', name='dense_2')(out)
logits = tf.keras.layers.Dense(3, activation="softmax",name='predictions')(out)
model = tf.keras.Model(inputs=input_xs, outputs=logits)
opt = tf.optimizers.Adam(1e-3)
model.compile(optimizer=tf.optimizers.Adam(1e-3),
loss=tf.losses.categorical_crossentropy,metrics = ['accuracy'])
model.fit(train_data, epochs=1000)
score = model.evaluate(iris_data, iris_target)

print("last score:",score)
```

我们首先定义了 MyLayer 作为全连接层，之后正如 TensorFlow 2.0 自带的层一样，直接生成类函数并显式指定输入参数，最终将所有的层加入 Model 中。最终打印结果如图 2.16 所示。

```
1/2 [==============>.............] - ETA: 0s - loss: 0.1278 - accuracy: 0.9531
2/2 [==============================] - 0s 4ms/step - loss: 0.0812 - accuracy: 0.9600

 32/150 [=====>........................] - ETA: 0s - loss: 3.6322e-07 - accuracy: 1.0000
150/150 [==============================] - 0s 592us/sample - loss: 0.0792 - accuracy: 0.9800
last score: [0.0791539035427498, 0.98]
```

图 2.16　打印结果

2.3.3　打印显示 TensorFlow 2.0 设计的 Model 结构和参数

在程序 2-16 中我们使用了自定义层实现了 Model。如果读者认真学习了这部分内容，那么相信你一定可以实现自己的自定义层。

但是似乎还有一个问题，对于自定义的层来说，这里的参数名，也就是在 build 中定义的参数名称都是一样。而在层生成的过程中似乎并没有对每个层进行重新命名，或者将其归属于某个命名空间中。这似乎与传统的 TensorFlow 1.X 模型的设计结果相冲突。

实践是解决疑问的最好办法。TensorFlow 2.0 中提供了打印模型结构的函数，代码如下：

```
print(model.summary())
```

这个函数使用时将其置于构建后的 model 下，即可打印模型的结构与参数。

【程序 2-17】

```python
import tensorflow as tf
import numpy as np
from sklearn.datasets import load_iris

data = load_iris()
iris_data = np.float32(data.data)
iris_target = (data.target)
iris_target = np.float32(tf.keras.utils.to_categorical(iris_target,num_classes=3))
train_data = tf.data.Dataset.from_tensor_slices((iris_data,iris_target)).batch(128)
class MyLayer(tf.keras.layers.Layer):
    def __init__(self, output_dim):
        self.trainable = trainable
        super(MyLayer, self).__init__()
    def build(self, input_shape):
        self.weight = tf.Variable(tf.random.normal([input_shape[-1],self.output_dim]), name="dense_weight")
        self.bias = tf.Variable(tf.random.normal([self.output_dim]), name="bias_weight")
        super(MyLayer, self).build(input_shape)  # Be sure to call this somewhere!
    def call(self, input_tensor):
        out = tf.matmul(input_tensor,self.weight) + self.bias
        out = tf.nn.relu(out)
        out = tf.keras.layers.Dropout(0.1)(out)
        return out
input_xs = tf.keras.Input(shape=(4), name='input_xs')

out = tf.keras.layers.Dense(32, activation='relu', name='dense_1')(input_xs)
out = MyLayer(32)(out)
out = MyLayer(48)(out)
out = tf.keras.layers.Dense(64, activation='relu', name='dense_2')(out)
logits = tf.keras.layers.Dense(3, activation="softmax",name='predictions')(out)
model = tf.keras.Model(inputs=input_xs, outputs=logits)

print(model.summary())
```

打印结果如图 2.17 所示。

```
Model: "model"
_____
Layer (type)                 Output Shape              Param #
=================================================================
input_xs (InputLayer)        [(None, 4)]               0
_____
dense_1 (Dense)              (None, 32)                160
_____
my_layer (MyLayer)           (None, 32)                1056
_____
my_layer_1 (MyLayer)         (None, 48)                1584
_____
dense_2 (Dense)              (None, 64)                3136
_____
predictions (Dense)          (None, 3)                 195
=================================================================
Total params: 6,131
Trainable params: 6,131
Non-trainable params: 0
```

图 2.17 打印结果

从打印出的模型结构可以看到，这里每一层都根据层的名称重新命名，而且由于名称的相同，TensorFlow 2.0 框架自动根据其命名方式对其进行层数的增加（名称）。

对于读者更为关心的参数问题，从对应行的第三列 param 可以看到不同的层，其参数个数也不相同，因此可以认为在 TensorFlow 2.0 中重名的模型被自动赋予一个新的名称，并存在于不同的命名空间之中。

2.4 本章小结

Hello TensorFlow！

本章介绍 TensorFlow 的入门知识，我们为读者完整地演示了 TensorFlow 高级 API Keras 的使用与自定义用法。相信读者对使用一个简单的全连接网络去完成一个基本的计算已经得心应手。

这只是 TensorFlow 和深度学习的入门部分。下一章我们将介绍 TensorFlow 中最重要的"反向传播"算法，这是 TensorFlow 能够权重更新和计算的核心内容。第 4 章将介绍 TensorFlow 2.0 中另外一个重要的层：卷积层。

第 3 章
◀TensorFlow 2.0 语法基础▶

在上一章介绍了 TensorFlow 2.0（以下简称 TensorFlow）的基本使用方法，并通过两个简单的入门例子向读者演示了 TensorFlow 的一个入门程序，Hello TensorFlow！

虽然从代码来看，通过 TensorFlow 构建一个可用的神经网络程序对回归进行拟合分析并不是一件很难的事，但是，我们在上一章的最后也说了，从代码量上来看，构建一个普通的神经网络是比较简单的，其背后的原理却不容小觑。

从本章开始，作者将从 BP 神经网络（见图 3.1）的开始说起，介绍其概念、原理以及其背后的数学原理。如果本章的后半部分阅读有一定的困难，读者可以自行决定是否阅读。

图 3.1 BP

3.1 BP 神经网络简介

在介绍 BP 神经网络之前，人工神经网络是必须提到的内容。人工神经网络（Artificial Neural Network，ANN）的发展经历了大约半个世纪，从 20 世纪 40 年代初到 80 年代，神经网络的研究经历了低潮和高潮几起几落的发展过程中，如图 3.2 所示为人工神经网络平台的先驱们。

1943 年，心理学家 W·McCulloch 和数理逻辑学家 W·Pitts 在分析、总结神经元基本特性的基础上提出神经元的数学模型（McCulloch-Pitts 模型，简称 MP 模型），标志着神经网络研究的开始。由于受当时研究条件的限制，很多工作不能模拟，在一定程度上影响了 MP 模型的发展。尽管如此，MP 模型对后来的各种神经元模型及网络模型都有很大的启发作用，在此后的 1949 年，D.O.Hebb 从心理学的角度提出了至今仍对神经网络理论有着重要影响的 Hebb 法则。

1945 年，冯·诺依曼领导的设计小组试制成功存储程序式电子计算机，标志着电子计算机时代的开始。1948 年，他在研究工作中比较了人脑结构与存储程序式计算机的根本区别，提出了以简单神经元构成的再生自动机网络结构。但是，由于指令存储式计算机技术的发展非常迅速，迫使他放弃了神经网络研究的新途径，继续投身于指令存储式计算机技术的研究，并在此领域作出了巨大贡献。虽然，冯·诺依曼的名字是与普通计算机联系在一起的，但他也是人工神经网络研究的先驱之一。

图 3.2 人工神经网络研究的先驱们

1958 年，F·Rosenblatt 设计制作了"感知机"，它是一种多层的神经网络。这项工作首次把人工神经网络的研究从理论探讨付诸工程实践。感知机由简单的阈值性神经元组成，初步具备了诸如学习、并行处理、分布存储等神经网络的一些基本特征，从而确立了从系统角度进行人工神经网络研究的基础。

1930 年，B.Widrow 和 M.Hoff 提出了自适应线性元件网络（ADAptive LINear NEuron，ADALINE），这是一种连续取值的线性加权求和阈值网络。后来，在此基础上发展了非线性多层自适应网络。Widrow-Hoff 的技术被称为最小均方误差（least mean square，LMS）学习规则。从此神经网络的发展进入了第一个高潮期。

的确，在有限范围内，感知机有较好的功能，并且收敛定理得到证明。单层感知机能够通过学习把线性可分的模式分开，但对像 3OR（异或）这样简单的非线性问题却无法求解，这一点让人们大失所望，甚至开始怀疑神经网络的价值和潜力。

1939 年，麻省理工学院著名的人工智能专家 M.Minsky 和 S.Papert，出版了颇有影响力的 Perceptron 一书，从数学上剖析了简单神经网络的功能和局限性，并且指出多层感知器还不能找到有效的计算方法，由于 M.Minsky 在学术界的地位和影响，其悲观的结论，被大多数人不做进一步分析而接受；加之当时以逻辑推理为研究基础的人工智能和数字计算机的辉煌成就，大大减低了人们对神经网络研究的热情。

30 年代末期，人工神经网络的研究进入了低潮。尽管如此，神经网络的研究并未完全停顿下来，仍有不少学者在极其艰难的条件下致力于这一研究。1972 年，T.Kohonen 和 J.Anderson 不约而同地提出具有联想记忆功能的新神经网络。1973 年，S.Grossberg 与 G.A.Carpenter 提出了自适应共振理论（adaptive resonance theory，ART），并在以后的若干年内发展了 ART1、ART2、ART3 这 3 个神经网络模型，从而为神经网络研究的发展奠定了理论基础。

进入 20 世纪 80 年代，特别是 80 年代末期，对神经网络的研究从复兴很快转入了新的热潮。这主要是因为：

一方面经过十几年迅速发展的、以逻辑符号处理为主的人工智能理论和冯·诺依曼计算机在处理诸如视觉、听觉、形象思维、联想记忆等智能信息处理问题上受到了挫折；另一方面，并行分布处理的神经网络本身的研究成果，使人们看到了新的希望。

1982 年，美国加州工学院的物理学家 J.Hoppfield 提出了 HNN（hoppfield neural network）模型，并首次引入了网络能量函数概念，使网络稳定性研究有了明确的判据，其电子电路实现为神经计算机的研究奠定了基础，同时也开拓了神经网络用于联想记忆和优化计算的新途径。

1983 年，K.Fukushima 等提出了神经认知机网络理论；1985 年 D.H.Ackley、G.E.Hinton 和 T.J.Sejnowski 将模拟退火概念移植到 Boltzmann 机模型的学习之中，以保证网络能收敛到全局最小值。1983 年，D.Rumelhart 和 J.McCelland 等提出了 PDP（parallel distributed processing）理论，致力于认知微观结构的探索，同时发展了多层网络的 BP 算法，使 BP 网络成为目前应用最广的网络。

反向传播（backpropagation，见图 3.3）一词的使用出现在 1985 年后，它的广泛使用是在 1983 年 D.Rumelhart 和 J.McCelland 所著的 Parallel Distributed Processing 这本书出版以后。1987 年，T.Kohonen 提出了自组织映射（self organizing map，SOM）。1987 年，美国电气和电子工程师学会 IEEE（institute for electrical and electronic engineers）在圣地亚哥（San Diego）召开了盛大规模的神经网络国际学术会议，国际神经网络学会（international neural networks society）也随之诞生。

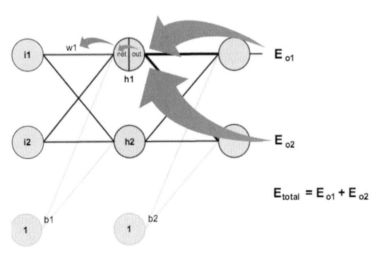

图 3.3　反向传播

1988年，国际神经网络学会的正式杂志Neural Networks创刊；从1988年开始，国际神经网络学会和IEEE每年联合召开一次国际学术年会。1990年IEEE神经网络会刊问世，各种期刊的神经网络特刊层出不穷，神经网络的理论研究和实际应用进入了一个蓬勃发展的时期。

BP神经网络（见图3.4）的代表者是D.Rumelhart和J.McCelland，BP神经网络是一种按误差逆传播算法训练的多层前馈网络，是目前应用最广泛的神经网络模型之一。

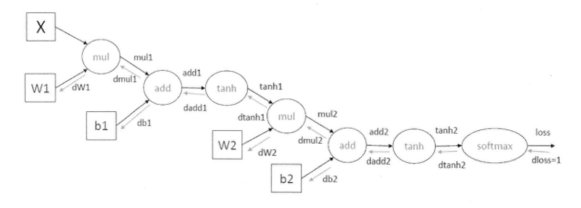

图3.4　BP神经网络

BP算法（反向传播算法）的学习过程由信息的正向传播和误差的反向传播两个过程组成。

- 输入层：各神经元负责接收来自外界的输入信息，并传递给中间层各神经元。
- 中间层：中间层是内部信息处理层，负责信息变换，根据信息变化能力的需求，中间层可以设计为单隐层或者多隐层结构。
- 最后一个隐层：传递到输出层各神经元的信息，经进一步处理后，完成一次学习的正向传播处理过程，由输出层向外界输出信息处理结果。

当实际输出与期望输出不符时，进入误差的反向传播阶段。误差通过输出层，按误差梯度下降的方式修正各层权值，向隐层、输入层逐层反传。周而复始的信息正向传播和误差反向传播过程，是各层权值不断调整的过程，也是神经网络学习训练的过程，此过程一直进行到网络输出的误差减少到可以接受的程度，或者预先设定的学习次数为止。

目前神经网络的研究方向和应用很多，反映了多学科交叉技术领域的特点。主要的研究工作集中在以下几个方面：

- 生物原型研究。从生理学、心理学、解剖学、脑科学、病理学等生物科学方面研究神经细胞、神经网络、神经系统的生物原型结构及其功能机理。
- 建立理论模型。根据生物原型的研究，建立神经元、神经网络的理论模型。其中包括概念模型、知识模型、物理化学模型、数学模型等。
- 网络模型与算法研究。在理论模型研究的基础上构建具体的神经网络模型，以实现计算机模拟或硬件的仿真，并且还包括网络学习算法的研究。这方面的工作也称为技术模型研究。

- 人工神经网络应用系统。在网络模型与算法研究的基础上，利用人工神经网络组成实际的应用系统。例如，完成某种信号处理或模式识别的功能、构建专家系统、制造机器人，等等。

纵观当代新兴科学技术的发展历史，人类在征服宇宙空间、基本粒子、生命起源等科学技术领域的进程中历经了崎岖不平的道路。我们也会看到，探索人脑功能和神经网络的研究将伴随着重重困难的克服而日新月异。

3.2 BP 神经网络两个基础算法详解

在正式介绍 BP 神经网络之前，需要首先介绍两个非常重要的算法，即随机梯度下降算法和最小二乘法。

最小二乘法是统计分析中最常用的逼近计算的一种算法，其交替计算结果使得最终结果尽可能地逼近真实结果。而随机梯度下降算法是其充分利用了 TensorFlow 框架的图运算特性的迭代和高效性，通过不停地判断和选择当前目标下最优路径，使得能够在最短路径下达到最优的结果从而提高大数据的计算效率。

3.2.1 最小二乘法（LS 算法）详解

LS 算法是一种数学优化技术，也是一种机器学习常用算法。它通过最小化误差的平方和寻找数据的最佳函数匹配。利用最小二乘法可以简便地求得未知的数据，并使得这些求得的数据与实际数据之间误差的平方和为最小。最小二乘法还可用于曲线拟合。其他一些优化问题也可通过最小化能量或最大化熵用最小二乘法来表达。

由于最小二乘法不是本章的重点内容，作者只通过一个图示演示一下 LS 算法的原理。LS 算法原理如图 3.5 所示。

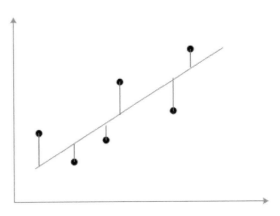

图 3.5　最小二乘法原理

从图 3.5 可以看到，若干个点依次分布在向量空间中，如果希望找出一条直线和这些点达到最佳匹配，那么最简单的一个方法就是希望这些点到直线的值最小，即下面最小二乘法实现公式最小。

$$f(x) = ax + b$$

$$\delta = \sum (f(x_i) - y_i)^2$$

这里直接引用的是真实值与计算值之间的差的平方和，具体而言，这种差值有个专门的名称为"残差"。基于此，表达残差的方式有以下 3 种：

- ∞-范数：残差绝对值的最大值 $\max_{1 \leq i \leq m} |r_i|$，即所有数据点中残差距离的最大值。
- L1-范数：绝对残差和 $\sum_{i=1}^{m} |r_i|$，即所有数据点残差距离之和。
- L2-范数：残差平方和 $\sum_{i=1}^{m} r_i^2$。

可以看到，所谓的最小二乘法也就是 L2 范数的一个具体应用。通俗地说，就是看模型计算出的结果与真实值之间的相似性。

因此，最小二乘法的定义可由如下定义：

对于给定的数据 $(x_i, y_i)(i = 1, ..., m)$，在取定的假设空间 H 中，求解 f(3)∈H，使得残差 $\delta = \sum (f(x_i) - y_i)^2$ 的 2-范数最小。

看到这里可能有同学又会提出疑问，这里的 f(3) 又该如何表示。

实际上函数 f(3) 是一条多项式曲线：

$$f(x, w) = w_0 + w_0 x + w_0 x^2 + w_0 x^3 + ... + w x^n$$

由上面公式我们知道，所谓的最小二乘法就是找到这么一组权重 w，使得 $\delta = \sum (f(x_i) - y_i)^2$ 最小。那么问题又来了，如何能使得最小二乘法最小。

对于求出最小二乘法的结果，可以通过数学上的微积分处理方法，这是一个求极值的问题，只需要对权值依次求偏导数，最后令偏导数为 0，即可求出极值点。

$$\frac{\partial f}{\partial w_0} = 2\sum_{1}^{m}(w_0 + w_1 x_i - y_i) = 0$$

$$\frac{\partial f}{\partial w_1} = 2\sum_{1}^{m}(w_0 + w_1 x_i - y_i) x_i = 0$$

.
.
.

$$\frac{\partial f}{\partial w_n} = 2\sum_{1}^{m}(w_0 + w_n x_i - y_i) x_i = 0$$

具体实现了最小二乘法的代码如下所示：

【程序 3-1】

```
import numpy as np
from matplotlib import pyplot as plt

A = np.array([[5],[4]])
C = np.array([[4],[6]])
B = A.T.dot(C)
AA = np.linalg.inv(A.T.dot(A))
l=AA.dot(B)
P=A.dot(l)
x=np.linspace(-2,2,10)
x.shape=(1,10)
xx=A.dot(x)
fig = plt.figure()

ax= fig.add_subplot(111)
ax.plot(xx[0,:],xx[1,:])
ax.plot(A[0],A[1],'ko')
ax.plot([C[0],P[0]],[C[1],P[1]],'r-o')
ax.plot([0,C[0]],[0,C[1]],'m-o')
ax.axvline(x=0,color='black')
ax.axhline(y=0,color='black')
margin=0.1
ax.text(A[0]+margin, A[1]+margin, r"A",fontsize=20)
ax.text(C[0]+margin, C[1]+margin, r"C",fontsize=20)
ax.text(P[0]+margin, P[1]+margin, r"P",fontsize=20)
ax.text(0+margin,0+margin,r"O",fontsize=20)
ax.text(0+margin,4+margin, r"y",fontsize=20)
ax.text(4+margin,0+margin, r"x",fontsize=20)
plt.xticks(np.arange(-2,3))
plt.yticks(np.arange(-2,3))
ax.axis('equal')

plt.show()
```

最终结果如图 3.6 所示。

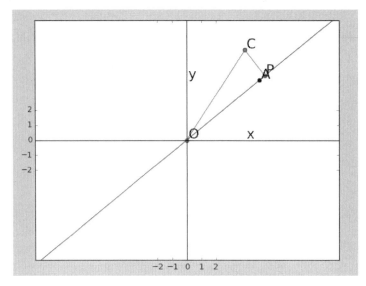

图 3.6 最小二乘法拟合曲线

3.2.2 道士下山的故事——梯度下降算法

在介绍随机梯度下降算法之前,给大家讲一个道士下山的故事。请参见图 3.7 所示。

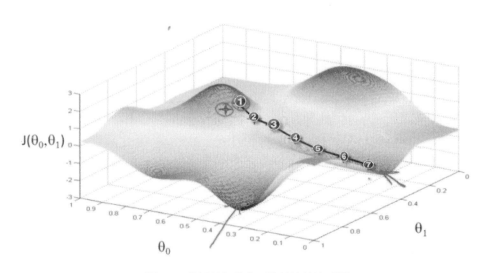

图 3.7 模拟随机梯度下降算法的演示图

这是一个模拟随机梯度下降算法的演示图。为了便于理解,我们将其比喻成道士想要出去游玩的一座山。

设想道士有一天和道友一起到一座不太熟悉的山上去玩,在兴趣盎然中很快登上了山顶。但是天有不测,下起了雨。如果这时需要道士和其同来的道友用最快的速度下山,那么怎么办呢?

如果想以最快的速度下山,那么最快的办法就是顺着坡度最陡峭的地方走下去。但是由于不熟悉路,道士在下山的过程中,每走过一段路程就需要停下来观望,从而选择最陡峭的下山路。这样一路走下来的话,可以在最短时间内走到底。

从图3.7所示的路线为:

①→②→③→④→⑤→⑥→⑦

每个数字代表每次停顿的地点,这样只需要在每个停顿的地点选择最陡峭的下山路即可。

这就是道士下山的故事,随机梯度下降算法和这个类似。如果想要使用最迅捷的下山方法,那么最简单的办法就是在下降一个梯度的阶层后,寻找一个当前获得的最大坡度继续下降。这就是随机梯度算法的原理。

从上面的例子可以看到,随机梯度下降算法就是不停地寻找某个节点中下降幅度最大的那个趋势进行迭代计算,直到将数据收缩到符合要求的范围为止。通过数学公式表达的方式计算的话,公式如下:

$$f(\theta) = \theta_0 x_0 + \theta_1 x_1 + ... + \theta_n x_n = \sum \theta_i x_i$$

在上一节讲最小二乘法的时候,我们通过最小二乘法说明了直接求解最优化变量的方法,也介绍了在求解过程中的前提条件是要求计算值与实际值的偏差的平方最小。

但是在随机梯度下降算法中,对于系数需要通过不停地求解出当前位置下最优化的数据。这同样使用数学方式表达的话,就是不停地对系数 θ 求偏导数。即公式如下所示:

$$\frac{\partial}{\partial \theta} f(\theta) = \frac{\partial}{\partial \theta} \frac{1}{2} \sum (f(\theta) - y_i)2 = (f(\theta) - y) x_i$$

公式中 θ 的会向着梯度下降的最快方向减少,从而推断出 θ 的最优解。

因此,随机梯度下降算法最终被归结为:通过迭代计算特征值从而求出最合适的值。θ 求解的公式如下:

$$\theta = \theta - \alpha (f(\theta) - y_i) x_i$$

公式中 α 是下降系数。用较为通俗的话表示就是用来计算每次下降的幅度大小。系数越大则每次计算中差值较大,系数越小则差值越小,但是计算时间也相对延长。

随机梯度下降算法将梯度下降算法通过一个模型来表示的话,如图3.8所示。

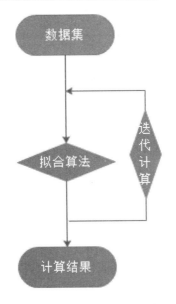

图 3.8　随机梯度下降算法过程

从图中可以看到，实现随机梯度下降算法的关键是拟合算法的实现。而本例的拟合算法实现较为简单，通过不停地修正数据值从而达到数据的最优值。

随机梯度下降算法在神经网络特别是机器学习中应用较广，但是由于其天生的缺陷，噪音较多，使得在计算过程中并不是都向着整体最优解的方向优化，往往可能只是一个局部最优解。因此，为了克服这些困难，最好的办法就是增大数据量，在不停地使用数据进行迭代处理的时候，能够确保整体的方向是全局最优解，或者最优结果在全局最优解附近。

【程序 3-2】

```
x = [(2, 0, 3), (1, 0, 3), (1, 1, 3), (1,4, 2), (1, 2, 4)]
y = [5, 6, 8, 10, 11]
epsilon = 0.002
alpha = 0.02
diff = [0, 0]
max_itor = 1000
error0 = 0
error1 = 0
cnt = 0
m = len(x)
theta0 = 0
theta1 = 0
theta2 = 0

while True:
    cnt += 1
    for i in range(m):
```

```
            diff[0] = (theta0 * x[i][0] + theta1 * x[i][1] + theta2 * x[i][2]) - y[i]
            theta0 -= alpha * diff[0] * x[i][0]
            theta1 -= alpha * diff[0] * x[i][1]
            theta2 -= alpha * diff[0] * x[i][2]
        error1 = 0
        for lp in range(len(x)):
            error1 += (y[lp] - (theta0 + theta1 * x[lp][1] + theta2 * x[lp][2])) ** 2 / 2
        if abs(error1 - error0) < epsilon:
            break
        else:
            error0 = error1
print('theta0 : %f, theta1 : %f, theta2 : %f, error1 : %f' % (theta0, theta1, theta2, error1))
print('Done: theta0 : %f, theta1 : %f, theta2 : %f' % (theta0, theta1, theta2))
print('迭代次数: %d' % cnt)
```

最终结果打印如下：

```
theta0 : 0.100684, theta1 : 1.564907, theta2 : 1.920652, error1 : 0.569459
Done: theta0 : 0.100684, theta1 : 1.564907, theta2 : 1.920652
迭代次数: 2118
```

从结果上看，这里需要迭代 2118 次即可获得最优解。

3.3 反馈神经网络反向传播算法介绍

反向传播算法是神经网络的核心与精髓，在神经网络算法中取到一个举足轻重的地位。

用通俗的话说，所谓的反向传播算法就是复合函数的链式求导法则的一个强大应用，而且实际上的应用比起理论上的推导强大得多。本节将主要介绍反向传播算法的一个最简单模型的推导，虽然模型简单，但是这个简单的模型是其应用最为广泛的基础。

3.3.1 深度学习基础

机器学习在理论上可以看作是统计学在计算机科学上的一个应用。在统计学上，一个非常重要的内容就是拟合和预测，即基于以往的数据，建立光滑的曲线模型实现数据结果与数据变量的对应关系。

深度学习为统计学的应用，同样是为了这个目的，寻找结果与影响因素的一一对应关系。只不过样本点由狭义的 3 和 y 扩展到向量、矩阵等广义的对应点。此时，由于数据的复杂，对应关系模型的复杂度也随之增加，而不能使用一个简单的函数表达。

数学上通过建立复杂的高次多元函数解决复杂模型拟合的问题，但是大多数都失败，因为过于复杂的函数式是无法进行求解，也就是其公式的获取不可能。

基于前人的研究，科研工作人员发现可以通过神经网络来表示这样的一个一一对应关系，而神经网络本质就是一个多元复合函数，通过增加神经网络的层次和神经单元，可以更好地表达函数的复合关系。

图 3.9 所示的是多层神经网络的一个图像表达方式，这与我们在前面 TensorFlow 游乐场中看到的神经网络模型类似。事实上也是如此，通过设置输入层、隐藏层与输出层可以形成一个多元函数以求解相关问题。

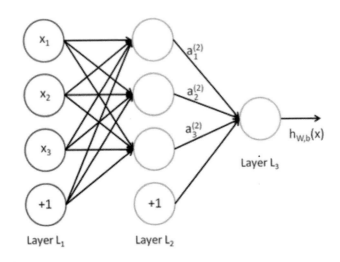

图 3.9　多层神经网络的表示

通过数学表达式将多层神经网络模型表达出来，公式如下：

$$a_1 = f(w_{11} \times x_1 + w_{12} \times x_2 + w_{13} \times x_3 + b_1)$$
$$a_2 = f(w_{21} \times x_1 + w_{22} \times x_2 + w_{23} \times x_3 + b_2)$$
$$a_3 = f(w_{31} \times x_1 + w_{32} \times x_2 + w_{33} \times x_3 + b_3)$$
$$h(x) = f(w_{11} \times a_1 + w_{12} \times a_2 + w_{13} \times a_3 + b_1)$$

其中 3 是输入数值，而 w 是相邻神经元之间的权重，也就是神经网络在训练过程中需要学习的参数。而与线性回归类似的是，神经网络学习同样需要一个"损失函数"，即训练目标通过调整每个权重值 w 来使得损失函数最小。前面在讲解梯度下降算法的时候已经说过，如果权重过多或者指数过大时，直接求解系数是一个不可能的事情，因此梯度下降算法是能够求解权重问题的比较好的方法。

3.3.2 链式求导法则

在前面梯度下降算法的介绍中，没有对其背后的原理做出更为详细的介绍。实际上梯度下降算法就是链式法则的一个具体应用，如果把前面公式中损失函数以向量的形式表示为：

$$h(x) = f(w_{11}, w_{12}, w_{13}, w_{14} \ldots w_{ij})$$

那么其梯度向量为：

$$\nabla h = \frac{\partial f}{\partial W_{11}} + \frac{\partial f}{\partial W_{12}} + \ldots + \frac{\partial f}{\partial W_{ij}}$$

可以看到，其实所谓的梯度向量就是求出函数在每个向量上的偏导数之和。这也是链式法则善于解决的方面。

下面以 $e = (a+b) \times (b+1)$，其中 $a = 2$，$b = 1$ 为例子，计算其偏导数，如图 3.10 所示。

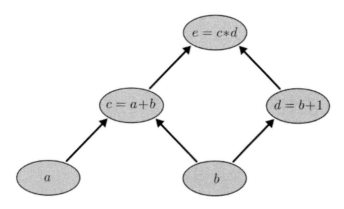

图 3.10　$e = (a+b) \times (b+1)$ 示意图

本例中为了求得最终值 e 对各个点的梯度，需要将各个点与 e 联系在一起，例如期望求得 e 对输入点 a 的梯度，则只需要求得：

$$\frac{\partial e}{\partial a} = \frac{\partial e}{\partial c} \times \frac{\partial c}{\partial a}$$

这样就把 e 与 a 的梯度联系在一起，同理可得：

$$\frac{\partial e}{\partial b} = \frac{\partial e}{\partial c} \times \frac{\partial c}{\partial b} + \frac{\partial e}{\partial d} \times \frac{\partial d}{\partial b}$$

用图表示如图 3.11 所示。

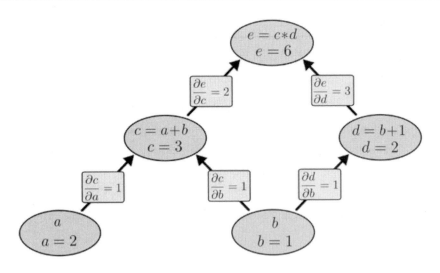

图 3.11　链式法则的应用

这样做的好处是显而易见的,求 e 对 a 的偏导数只要建立一个 e 到 a 的路径,图中经过 c,那么通过相关的求导链接就可以得到所需要的值。对于求 e 对 b 的偏导数,也只需要建立所有 e 到 b 路径中的求导路径从而获得需要的值。

3.3.3　反馈神经网络原理与公式推导

在求导过程中,可能有读者已经注意到,如果拉长了求导过程或者增加了其中的单元,那么就会大大增加其中的计算过程,即很多偏导数的求导过程会被反复的计算,因此在实际中对于权值达到上十万或者上百万的神经网络来说,这样的重复冗余所导致的计算量是很大的。

同样是为了求得对权重的更新,反馈神经网络算法将训练误差 E 看作以权重向量每个元素为变量的高维函数,通过不断更新权重,寻找训练误差的最低点,按误差函数梯度下降的方向更新权值。

提　示
反馈神经网络算法具体计算公式在本节后半部分进行推倒。

首先求得最后的输出层与真实值之间的差距,如图 3.12 所示。

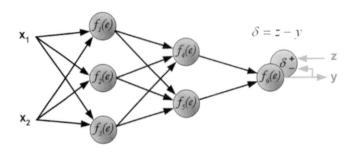

图 3.12　反馈神经网络最终误差的计算

之后以计算出的测量值与真实值为起点,反向传播到上一个节点,并计算出节点的误差值,如图 3.13 所示。

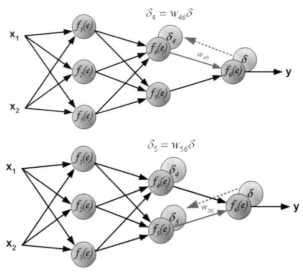

图 3.13　反馈神经网络输出层误差的传播

以后将计算出的节点误差重新设置为起点,依次向后传播误差,如图 3.14 所示。

> **注　意**
>
> 对于隐藏层,误差并不是像输出层由一样由单个节点确定,而是由多个节点确定,因此对它的计算要求得所有的误差值之和。

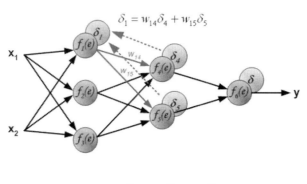

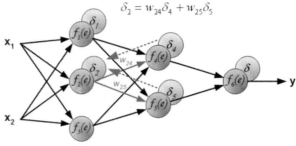

图 3.14

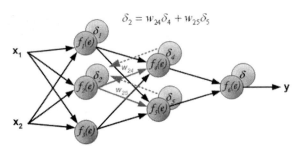

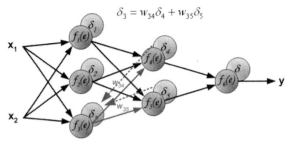

图 3.14　反馈神经网络隐藏层误差的计算（续）

通俗地解释，一般情况下误差的产生是由于输入值与权重的计算产生了错误，而对于输入值来说，输入值往往是固定不变的，因此对于误差的调节，则需要对权重进行更新。而权重的更新又是以输入值与真实值的偏差为基础，当最终层的输出误差被反向一层层地传递回来后，每个节点被相应地分配适合其在神经网络地位中所担负的误差，即只需要更新其所需承担的误差量。如图 3.15 所示。

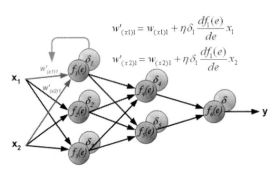

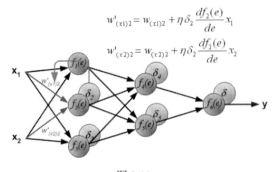

图 3.15

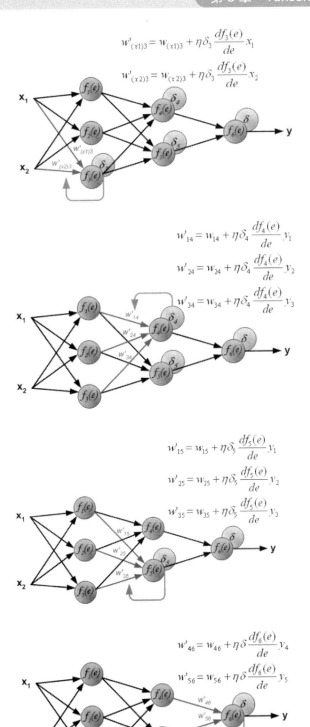

图 3.15 反馈神经网络权重的更新（续）

即在每一层，需要维护输出对当前层的微分值，该微分值相当于被复用于之前每一层里权值的微分计算。因此空间复杂度没有变化。同时也没有重复计算,每一个微分值都在之后的迭代中使用。

下面介绍一下公式的推导。公式的推导需要使用一些高等数学的知识,因此读者可以自由选择学习。

首先是算法的分析,前面已经说过,对于反馈神经网络算法主要需要知道输出值与真实值之前的差值。

- 对输出层单元,误差项是真实值与模型计算值之间的差值。
- 对于隐藏层单元,由于缺少直接的目标值来计算隐藏单元的误差,因此需要以间接的方式来计算隐藏层的误差项对受隐藏单元 h 影响的每一个单元的误差进行加权求和。
- 权值的更新方面,主要依靠学习速率,该权值对应的输入,以及单元的误差项。

1. 定义一:前向传播算法

对于前向传播的值传递,隐藏层输出值定义如下:

$$a_h^{Hl} = W_h^{Hl} \times X_i$$
$$b_h^{Hl} = f(a_h^{Hl})$$

其中 X_i 是当前节点的输入值,W_h^{Hl} 是连接到此节点的权重,a_h^{Hl} 是输出值。f 是当前阶段的激活函数,b_h^{Hl} 为当前节点的输入值经过计算后被激活的值。

而对于输出层,定义如下:

$$a_k = \sum W_{hk} \times b_h^{Hl}$$

其中 W_{hk} 为输入的权重,b_h^{Hl} 为输入到输出节点的输入值。这里对所有输入值进行权重计算后求得和值,作为神经网络的最后输出值 a_k。

2. 定义二:反向传播算法

与前向传播类似,首先需要定义两个值 δ_k 与 δ_h^{Hl}:

$$\delta_k = \frac{\partial L}{\partial a_k} = (Y - T)$$

$$\delta_h^{Hl} = \frac{\partial L}{\partial a_h^{Hl}}$$

其中 δ_k 为输出层的误差项,其计算值为真实值与模型计算值之间的差值。Y 是计算值,T 是输出真实值。δ_h^{Hl} 为输出层的误差。

> **提示**
>
> 对于 δ_k 与 δ_h^{HI} 来说，无论定义在哪个位置，都可以看作当前的输出值对于输入值的梯度计算。

通过前面的分析可以知道，所谓的神经网络反馈算法，就是逐层地将最终误差进行分解，即每一层只与下一层打交道，如图 3.16 所示。那么，据此可以假设每一层均为输出层的前一个层级，通过计算前一个层级与输出层的误差得到权重的更新。

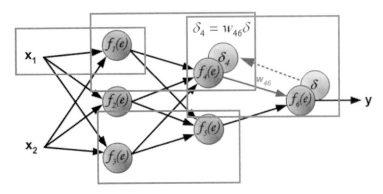

图 3.16　权重的逐层反向传导

因此反馈神经网络计算公式定义为：

$$\delta_h^{HI} = \frac{\partial L}{\partial a_h^{HI}}$$

$$= \frac{\partial L}{\partial b_h^{HI}} \times \frac{\partial b_h^{HI}}{\partial a_h^{HI}}$$

$$= \frac{\partial L}{\partial b_h^{HI}} \times f\,'(a_h^{HI})$$

$$= \frac{\partial L}{\partial a_k} \times \frac{\partial a_k}{\partial b_h^{HI}} \times f\,'(a_h^{HI})$$

$$= \delta_k \times \sum W_{hk} \times f\,'(a_h^{HI})$$

$$= \sum W_{hk} \times \delta_k \times f\,'(a_h^{HI})$$

即当前层输出值对误差的梯度可以通过下一层的误差与权重和输入值的梯度乘积获得。公式 $\sum W_{hk} \times \delta_k \times f\,'(a_h^{HI})$ 中，δ_k 若为输出层，则可以通过 $\delta_k = \frac{\partial L}{\partial a_k} = (Y - T)$ 求得；而 δ_k 为非输出层时，则可以使用逐层反馈的方式求得 δ_k 的值。

> **提示**
>
> 这里千万要注意,对于 δ_k 与 δ_h^{Hl} 来说,其计算结果都是当前的输出值对于输入值的梯度计算,是权重更新过程中一个非常重要的数据计算内容。

或者换一种表述形式将前面公式表示为:

$$\delta^l = \sum W_{ij}^l \times \delta_j^{l+1} \times f\,'(a_i^l)$$

可以看到,通过更为泛化的公式,把当前层的输出对输入的梯度计算转化成求下一个层级的梯度计算值。

3. 定义三:权重的更新

反馈神经网络计算的目的是对权重的更新,因此与梯度下降算法类似,其更新可以仿照梯度下降对权值的更新公式:

$$\theta = \theta - \alpha(f(\theta) - y_i)\mathrm{x}_i$$

即:

$$W_{ji} = W_{ji} + \alpha \times \delta_j^l \times \mathrm{x}_{ji}$$

$$b_{ji} = b_{ji} + \alpha \times \delta_j^l$$

其中 ji 表示为反向传播时对应的节点系数,通过对 δ_j^l 的计算,就可以更新对应的权重值。W_{ji} 的计算公式如上所示。

对于没有推导的 b_{ji},其推导过程与 W_{ji} 类似,但是在推导过程中输入值是被消去的,请读者自行学习。

3.3.4 反馈神经网络原理的激活函数

现在回到反馈神经网络的函数:

$$\delta^l = \sum W_{ij}^l \times \delta_j^{l+1} \times f\,'(a_i^l)$$

对于此公式中的 W_{ij}^l 和 δ_j^{l+1} 以及所需要计算的目标 δ^l 已经做了较为详尽的解释。但是对于 $f\,'(a_i^l)$ 来说,却一直没有做出介绍。

回到前面生物神经元的图示中,传递进来的电信号通过神经元进行传递,由于神经元的突触强弱是有一定的敏感度的,也就是只会对超过一定范围的信号进行反馈。即这个电信号必须大于某个阈值,神经元才会被激活引起后续的传递。

在训练模型中同样需要设置神经元的阈值,即神经元被激活的频率用于传递相应的信息,模型中这种能够确定是否当前神经元节点的函数被称为"激活函数",如图 3.17 所示。

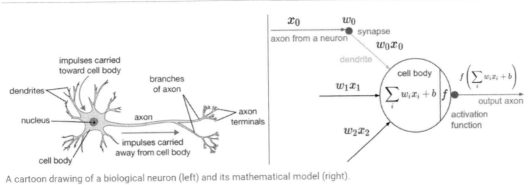

图 3.17 激活函数示意图

激活函数代表了生物神经元中接收到信号强度，目前应用范围较广的 Sigmoid 函数。因为其在运行过程中只接受一个值，输出也是一个经过公式计算后的值，且其输出值为 0~1 之间。

$$y = \frac{1}{1+e^{-x}}$$

其图形如图 3.18 所示。

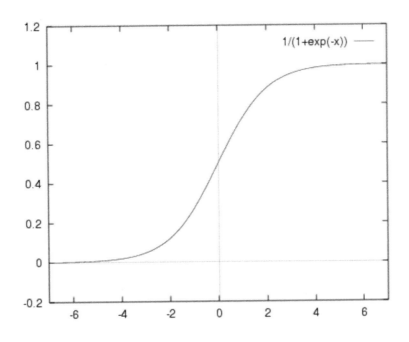

图 3.18 Sigmoid 激活函数图

而其导函数求法也较为简单，即：

$$y' = \frac{e^{-x}}{(1+e^{-x})^2}$$

换一种表示方式为：

$$f(x)' = f(x) \times (1 - f(x))$$

Sigmoid 输入一个实值的数，之后将其压缩到 0~1 之间。特别是对于较大值的负数被映射成 0，而大的正数被映射成 1。

顺带说一句，Sigmoid 函数在神经网络模型中占据了很长时间的一段统治地位，但是目前已经不常使用，主要原因是其非常容易区域饱和，当输入开始非常大或者非常小的时候，其梯度区域零会造成在传播过程中产生接近于 0 的梯度。这样在后续的传播时会造成梯度消散的现象，因此并不适合现代的神经网络模型使用。

除此之外，近年来涌现出大量新的激活函数模型，例如 Ma3out、Tanh 和 ReLU 模型，这些都是为了解决传统的 Sigmoid 模型在更深程度上的神经网络所产生的各种不良影响。

> **提 示**
>
> Sigmoid 函数的具体使用和影响会在后文的 TensorFlow 实战中进行介绍。

3.3.5 反馈神经网络原理的 Python 实现

本节将使用 Python 语言对神经网络的反馈算法做一个实现。经过前几节的解释，读者对神经网络的算法和描述有了一定的理解，本节将使用 Python 代码去实现一个自己的反馈神经网络。

为了简化起见，这里的神经网络被设置成三层，即只有一个输入层，一个隐藏层以及最终的输出层。

（1）首先是辅助函数的确定。

```
def rand(a, b):
    return (b - a) * random.random() + a
def make_matri3(m,n,fill=0.0):
    mat = []
    for i in range(m):
        mat.append([fill] * n)
    return mat
def sigmoid(3):
    return 1.0 / (1.0 + math.e3p(-3))
def sigmod_derivate(3):
    return 3 * (1 - 3)
```

代码首先定义了随机值，使用 random 包中的 random 函数生成了一系列随机数，之后的 make_matri3 函数生成了相对应的矩阵。sigmoid 和 sigmod_derivate 分别是激活函数和激活函数的导函数。这也是前文所定义的内容。

(2)之后进入 BP 神经网络类的正式定义,类的定义需要对数据进行内容的设定。

```
def __init__(self):
   self.input_n = 0
   self.hidden_n = 0
   self.output_n = 0
   self.input_cells = []
   self.hidden_cells = []
   self.output_cells = []
   self.input_weights = []
   self.output_weights = []
```

init 函数是数据内容的初始化,即在其中设置了输入层,隐藏层以及输出层中节点的个数;各个 cell 数据是各个层中节点的数值;weights 数据代表各个层的权重。

(3)setup 函数的作用是对 init 函数中设定的数据进行初始化。

```
def setup(self,ni,nh,no):
   self.input_n = ni + 1
   self.hidden_n = nh
   self.output_n = no
   self.input_cells = [1.0] * self.input_n
   self.hidden_cells = [1.0] * self.hidden_n
   self.output_cells = [1.0] * self.output_n
   self.input_weights = make_matri3(self.input_n,self.hidden_n)
   self.output_weights = make_matri3(self.hidden_n,self.output_n)
   # random activate
   for i in range(self.input_n):
      for h in range(self.hidden_n):
         self.input_weights[i][h] = rand(-0.2, 0.2)
   for h in range(self.hidden_n):
      for o in range(self.output_n):
         self.output_weights[h][o] = rand(-2.0, 2.0)
```

需要注意,输入层节点个数被设置成 ni+1,这是由于其中包含 bias 偏置数;各个节点与 1.0 相乘是初始化节点的数值;各个层的权重值根据输入、隐藏以及输出层中节点的个数被初始化并被赋值。

(4)定义完各个层的数目后,下面进入正式的神经网络内容的定义。首先是对于神经网络前向的计算。

```
def predict(self,inputs):
   for i in range(self.input_n - 1):
      self.input_cells[i] = inputs[i]
```

```
    for j in range(self.hidden_n):
        total = 0.0
        for i in range(self.input_n):
            total += self.input_cells[i] * self.input_weights[i][j]
        self.hidden_cells[j] = sigmoid(total)
    for k in range(self.output_n):
        total = 0.0
        for j in range(self.hidden_n):
            total += self.hidden_cells[j] * self.output_weights[j][k]
        self.output_cells[k] = sigmoid(total)
    return self.output_cells[:]
```

代码段中将数据输入到函数中,通过隐藏层和输出层的计算,最终以数组的形式输出。案例的完整代码如下:

【程序 3-3】

```python
import numpy as np
import math
import random

def rand(a, b):
    return (b - a) * random.random() + a
def make_matri3(m,n,fill=0.0):
    mat = []
    for i in range(m):
        mat.append([fill] * n)
    return mat
def sigmoid(x):
    return 1.0 / (1.0 + math.exp(-x))
def sigmod_derivate(x):
    return x * (1 - x)
class BPNeuralNetwork:
    def __init__(self):
        self.input_n = 0
        self.hidden_n = 0
        self.output_n = 0
        self.input_cells = []
        self.hidden_cells = []
        self.output_cells = []
        self.input_weights = []
        self.output_weights = []
    def setup(self,ni,nh,no):
        self.input_n = ni + 1
        self.hidden_n = nh
        self.output_n = no
```

```python
        self.input_cells = [1.0] * self.input_n
        self.hidden_cells = [1.0] * self.hidden_n
        self.output_cells = [1.0] * self.output_n
        self.input_weights = make_matrix(self.input_n,self.hidden_n)
        self.output_weights = make_matrix(self.hidden_n,self.output_n)
        # random activate
        for i in range(self.input_n):
            for h in range(self.hidden_n):
                self.input_weights[i][h] = rand(-0.2, 0.2)
        for h in range(self.hidden_n):
            for o in range(self.output_n):
                self.output_weights[h][o] = rand(-2.0, 2.0)
    def predict(self,inputs):
        for i in range(self.input_n - 1):
            self.input_cells[i] = inputs[i]
        for j in range(self.hidden_n):
            total = 0.0
            for i in range(self.input_n):
                total += self.input_cells[i] * self.input_weights[i][j]
            self.hidden_cells[j] = sigmoid(total)
        for k in range(self.output_n):
            total = 0.0
            for j in range(self.hidden_n):
                total += self.hidden_cells[j] * self.output_weights[j][k]
            self.output_cells[k] = sigmoid(total)
        return self.output_cells[:]
    def back_propagate(self,case,label,learn):
        self.predict(case)
        #计算输出层的误差
        output_deltas = [0.0] * self.output_n
        for k in range(self.output_n):
            error = label[k] - self.output_cells[k]
            output_deltas[k] = sigmod_derivate(self.output_cells[k]) * error
        #计算隐藏层的误差
        hidden_deltas = [0.0] * self.hidden_n
        for j in range(self.hidden_n):
            error = 0.0
            for k in range(self.output_n):
                error += output_deltas[k] * self.output_weights[j][k]
            hidden_deltas[j] = sigmod_derivate(self.hidden_cells[j]) * error
        #更新输出层权重
        for j in range(self.hidden_n):
            for k in range(self.output_n):
                self.output_weights[j][k] += learn * output_deltas[k] * self.hidden_cells[j]
```

```python
        #更新隐藏层权重
        for i in range(self.input_n):
            for j in range(self.hidden_n):
                self.input_weights[i][j] += learn * hidden_deltas[j] * self.input_cells[i]
        error = 0
        for o in range(len(label)):
            error += 0.5 * (label[o] - self.output_cells[o]) ** 2
        return error
    def train(self,cases,labels,limit = 100,learn = 0.05):
        for i in range(limit):
            error = 0
            for i in range(len(cases)):
                label = labels[i]
                case = cases[i]
                error += self.back_propagate(case, label, learn)
        pass
    def test(self):
        cases = [
            [0, 0],
            [0, 1],
            [1, 0],
            [1, 1],
        ]
        labels = [[0], [1], [1], [0]]
        self.setup(2, 5, 1)
        self.train(cases, labels, 10000, 0.05)
        for case in cases:
            print(self.predict(case))
if __name__ == '__main__':
    nn = BPNeuralNetwork()
    nn.test()
```

3.4 本章小结

  本章是较为理论的部分，主要是讲解 TensorFlow 2.0 的核心算法：反向传播算法。虽然在编程中可能并不需要显式地使用反向传播，或者框架自动完成了反向传播的计算，但是了解和掌握 TensorFlow 2.0 的反向传播算法能使得读者在程序的编写过程中事半功倍。

第 4 章
卷积层详解与MNIST实战

本章开始将进入本书的最重要部分,卷积神经网络的介绍。

卷积神经网络是从信号处理衍生过来的一种对数字信号处理的方式,发展到图像信号处理上演变成一种专门用来处理具有矩阵特征的网络结构处理方式。卷积神经网络在很多应用上都有独特的优势,甚至可以说是无可比拟的,例如音频的处理和图像处理。

本章将会介绍什么是卷积神经网络,会介绍卷积实际上是一种不太复杂的数学运算,即卷积是一种特殊的线性运算形式。之后会介绍"池化"这一概念,这是卷积神经网络中必不可少的操作。还有为了消除过拟合会介绍 drop-out 这一常用的方法。这些概念是为了让卷积神经网络运行得更加高效的一些常用方法

4.1 卷积运算基本概念

在数字图像处理中有一种基本的处理方法,即线性滤波。它将待处理的二维数字看作一个大型矩阵,图像中的每个像素可以看作矩阵中的每个元素,像素的大小就是矩阵中的元素值。

而使用的滤波工具是另一个小型矩阵,这个矩阵被称为卷积核。卷积核的大小远远小于图像矩阵,具体的计算方式就是对于图像大矩阵中的每个像素,计算其周围的像素和卷积核对应位置的乘积,之后将结果相加最终得到的终值就是该像素的值,这样就完成了一次卷积。最简单的图像卷积方式如图 4.1 所示。

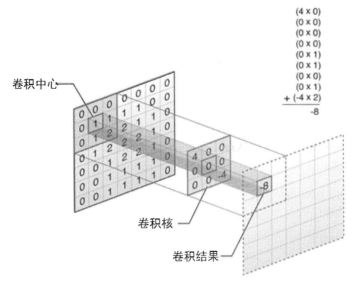

图 4.1 卷积运算

本节将详细介绍卷积的运算和定义以及一些细节调整的介绍,这些都是卷积使用中必不可少的内容。

4.1.1 卷积运算

前面已经说过了,卷积实际上是使用两个大小不同的矩阵进行的一种数学运算。为了便于读者理解,我们从一个例子开始。

对高速公路上的跑车进行位置追踪,这也是卷积神经网络图像处理的一个非常重要的应用。摄像头接收到的信号被计算为 x(t),表示跑车在路上时刻 t 的位置。

但是往往实际上的处理没那么简单,因为在自然界无时无刻不面临各种影响和摄像头传感器的滞后。因此为了得到跑车位置的实时数据,采用的方法就是对测量结果进行均值化处理。对于运动中的目标,时间越久的位置则越不可靠,而时间离计算时越短的位置则对真实值的相关性越高。因此可以对不同的时间段赋予不同的权重,即通过一个权值定义来计算。这个可以表示为:

$$s(t) = \int x(a)\omega(t-a)\,da$$

这种运算方式被称为卷积运算。换个符号表示为:

$$s(t) = (x * \omega)(t)$$

在卷积公式中,第一个参数 x 被称为"输入数据",而第二个参数 ω 被称为"核函数",s(t) 是输出,即特征映射。

首先对于稀疏矩阵来说,卷积网络具有稀疏性,即卷积核的大小远远小于输入数据矩阵的大小。例如当输入一个图片信息时,数据的大小可能为上万的结构,但是使用的卷积核却只有几十，这样能够在计算后获取更少的参数特征，极大地减少了后续的计算量，如图4.2所示。

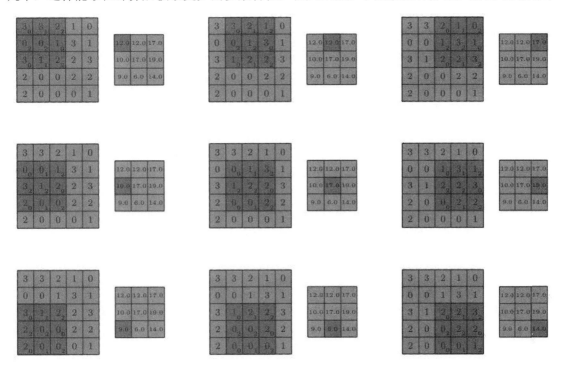

图 4.2　稀疏矩阵

参数共享指的是在特征提取过程中，一个模型在多个参数之中使用相同的参数。在传统的神经网络中，每个权重只对其连接的输入输出起作用，当其连接的输入输出元素结束后就不会再用到。而参数共享指的是在卷积神经网络中核的每一个元素都被用在输入的每一个位置上，在过程中只需学习一个参数集合，就能把这个参数应用到所有的图片元素中。

【程序4-1】

```
import struct
import matplotlib.pyplot as plt
import  numpy as np

dateMat = np.ones((7,7))
kernel = np.array([[2,1,1],[3,0,1],[1,1,0]])

def convolve(dateMat,kernel):
   m,n = dateMat.shape
   km,kn = kernel.shape
   newMat = np.ones(((m - km + 1),(n - kn + 1)))
   tempMat = np.ones(((km),(kn)))
   for row in range(m - km + 1):
      for col in range(n - kn + 1):
```

```
            for m_k in range(km):
                for n_k in range(kn):
                    tempMat[m_k,n_k] = dateMat[(row + m_k),(col + n_k)] * kernel[m_k,n_k]
            newMat[row,col] = np.sum(tempMat)
    return newMat
```

程序 4-1 实现了由 Python 实现的卷积操作,这里卷积核从左到右、从上到下进行卷积计算,最后返回新的矩阵。

4.1.2 TensorFlow 2.0 中卷积函数实现详解

前面章节中通过 Python 实现了卷积的计算,TensorFlow 为了框架计算的迅捷,同样也使用了专门的函数 Conv2D(Conv)作为卷积计算函数。这个函数是搭建卷积神经网络最为核心的函数之一,非常重要(卷积层的具体内容请读者参考相关资料自行学习,本书将不再展开讲解)。

```
class Conv2D(Conv):
def __init__(self, filters, kernel_size, strides=(1, 1), padding='valid', data_format=None,
            dilation_rate=(1, 1), activation=None, use_bias=True,
            kernel_initializer='glorot_uniform', bias_initializer='zeros',
            kernel_regularizer=None, bias_regularizer=None, activity_regularizer=None,
            kernel_constraint=None, bias_constraint=None, **kwargs):
```

Conv2D(Conv)是 TensorFlow 2.0 的卷积层自带的函数,它最重要的 5 个参数如下:

- **filters**: 卷积核数目,卷积计算时折射使用的空间维度。
- **kernel_size**: 卷积核大小,它要求是一个 Tensor,具有[filter_height, filter_width, in_channels, out_channels]这样的 shape,具体含义是[卷积核的高度,卷积核的宽度,图像通道数,卷积核个数],要求类型与参数 input 相同。有一个地方需要注意,第三维 in_channels,就是参数 input 的第四维。
- **strides**: 步进大小,卷积时在图像每一维的步长,这是一个一维的向量,第一维和第四维默认为 1,而第三维和第四维分别是平行和竖直滑行的步进长度。
- **padding**: 补全方式,string 类型的量,只能是"SAME"、"VALID"其中之一,这个值决定了不同的卷积方式。
- **activation**: 激活函数,一般使用 relu 作为激活函数。

【程序 4-2】

```
import tensorflow as tf
input = tf.Variable(tf.random.normal([1, 3, 3, 1]))
conv = tf.keras.layers.Conv2D(1,2)(input)
print(conv)
```

程序 4-2 展示了一个使用 TensorFlow 高级 API 进行卷积计算的例子,在这里随机生成了一个[3,3]大小的矩阵,之后使用 1 个大小为[2,2]的卷积核对其进行计算,打印结果如图 4.3 所示。

```
tf.Tensor(
[[[[ 0.43207052]
   [ 0.4494554 ]]

  [[-1.5294989 ]
   [ 0.9994287 ]]]], shape=(1, 2, 2, 1), dtype=float32)
```

图 4.3 打印结果

可以看到,卷积对生成的随机数据进行计算,重新生成了一个[1,2,2,1]大小的卷积结果。这是由于卷积在工作时,边缘被处理消失,因此生成的结果小于原有的图像。

但是有时候需要生成的卷积结果和原输入矩阵的大小一致,则需要将参数 padding 的值设为"VALID"。当其为"SAME"时,表示图像边缘将由一圈 0 补齐,使得卷积后的图像大小和输入大小一致,示意如下:

00000000000

0xxxxxxxxx0

0xxxxxxxxx0

0xxxxxxxxx0

00000000000

其中可以看到,这里 x 是图片的矩阵信息,而外面一圈是补齐的 0,而 0 在卷积处理时对最终结果没有任何影响。这里略微对其进行修改,如程序 4-3 所示:

【程序 4-3】

```
import tensorflow as tf
input = tf.Variable(tf.random.normal([1, 5, 5, 1]))       #输入图像大小变化
conv = tf.keras.layers.Conv2D(1,2,padding="SAME")(input)  #卷积核大小
print(conv.shape)
```

这里只打印最终卷积计算的维度大小,结果如下:

(1, 5, 5, 1)

可以看到这里最终生成了一个[1,5,5,1]大小的结果,这是由于在补全方式上,作者采用了"SAME"的模式对其进行处理。

下面再换一个参数,在前面的代码中,stride 的大小使用的是默认值[1,1],此时如果把 stride 替换成[2,2],即步进大小设置成 2,代码如下:

【程序4-4】

```
import tensorflow as tf
input = tf.Variable(tf.random.normal([1, 5, 5, 1]))
conv = tf.keras.layers.Conv2D(1,2,strides=[2,2],padding="SAME")(input)
    #strides 的大小被替换
print(conv.shape)
```

最终打印结果：

```
(1, 3, 3, 1)
```

可以看到，即使是采用 padding="SAME"模式填充，那么生成的结果也不再是原输入的大小，而是维度有了变化。

最后总结一下经过卷积计算后结果图像的大小变化公式：

$$N = (W - F + 2P)/S + 1$$

- 输入图片大小 $W \times W$。
- Filter 大小 $F \times F$。
- 步长 S。
- padding 的像素数 P，一般情况下 P=1。

读者可以自行验证。

4.1.3 池化运算

在通过卷积获得了特征（features）之后，下一步希望利用这些特征去做分类。理论上讲，人们可以用所有提取得到的特征去训练分类器，例如 softmax 分类器，但这样做面临计算量的挑战。例如：对于一个 96×96 像素的图像，假设已经学习得到了 400 个定义在 8×8 输入上的特征，每一个特征和图像卷积都会得到一个(96-8+1)*(96-8+1)=7921 维的卷积特征，由于有 400 个特征，所以每个样例（example）都会得到一个 892*400=3,168,400 维的卷积特征向量。学习一个拥有超过 300 万特征输入的分类器十分不便，并且容易出现过拟合（over-fitting）。

这个问题的产生是因为卷积后的图像具有一种"静态性"的属性，这也就意味着在一个图像区域有用的特征极有可能在另一个区域同样适用。因此，为了描述大的图像，一个很自然的想法就是对不同位置的特征进行聚合统计。

例如，特征提取可以计算图像一个区域上的某个特定特征的平均值（或最大值），如图 4.4 所示。这些概要统计特征不仅具有低得多的维度（相比使用所有提取得到的特征），同时还会改善结果（不容易过拟合）。这种聚合的操作就叫作池化（pooling），有时也称为平均池化或者最大池化（取决于计算池化的方法）。

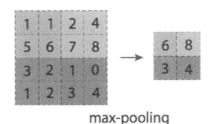

图 4.4　max-pooling 后的图片

如果选择图像中的连续范围作为池化区域，并且只是池化相同（重复）的隐藏单元产生的特征，那么，这些池化单元就具有平移不变性（translationinvariant）。这就意味着即使图像经历了一个小的平移之后，依然会产生相同的（池化的）特征。在很多任务中（例如物体检测、声音识别），我们都更希望得到具有平移不变性的特征，因为即使图像经过了平移，样例（图像）的标记仍然保持不变。

TensorFlow 中池化运算的函数如下：

```
class MaxPool2D (Pooling2D):
def __init__(self, pool_size=(2, 2), strides=None,
             padding='valid', data_format=None, **kwargs):
```

重要的参数如下：

- pool_size: 池化窗口的大小，默认大小一般是[2, 2]。
- strides: 和卷积类似，窗口在每一个维度上滑动的步长，默认大小一般也是[2,2]。
- padding: 和卷积类似，可以取'VALID' 或者'SAME'，返回一个 Tensor，类型不变，shape 仍然是[batch, height, width, channels]这种形式。

池化一个非常重要的作用就是能够帮助输入的数据表示近似不变性。对于平移不变性指的是对输入的数据进行少量平移时，经过池化后的输出结果并不会发生改变。局部平移不变性是一个很有用的性质，尤其是当关心某个特征是否出现而不关心它出现的具体位置时。

例如，当判定一幅图像中是否包含人脸时，并不需要判定眼睛的位置，而是需要知道有一只眼睛出现在脸部的左侧，另外一只出现在右侧就可以了。

4.1.4　softmax 激活函数

softmax 函数在前面已经做过介绍，并且作者使用 NumPy 自定义实现了 softmax 的功能和函数。softmax 是一个对概率进行计算的模型，因为在真实的计算模型系统中，对一个实物的判定并不是 100%，而是只是有一定的概率。并且在所有的结果标签上，都可以求出一个概率。

$$f(\mathrm{x}) = \sum_{i}^{j} w_{ij} x_j + b$$

$$\mathrm{soft\,max} = \frac{e^{x_i}}{\sum_{0}^{j} e^{x_j}}$$

$$y = \mathrm{soft\,max}(f(\mathrm{x})) = \mathrm{soft\,max}(w_{ij} x_j + b)$$

其中第一个公式是人为定义的训练模型,这里采用的是输入数据与权重的乘积和并加上一个偏置 b 的方式进行。偏置 b 存在的意义是为了加上一定的噪音。

对于求出的 $f(\mathrm{x}) = \sum_{i}^{j} w_{ij} x_j + b$,softmax 的作用就是将其转化成概率。换句话说,这里的 softmax 可以被看作是一个激励函数,将计算的模型输出转换为在一定范围内的数值,并且在总体中这些数值的和为 1,而每个单独的数据结果都有其特定的数据结果。

用更为正式的语言表述那就是 softmax 是模型函数定义的一种形式:把输入值当成幂指数求值,再正则化这些结果值。而这个幂运算表示,更大的概率计算结果对应更大的假设模型里面的乘数权重值。反之,拥有更少的概率计算结果意味着在假设模型里面拥有更小的乘数系数。

而假设模型里的权值不可以是 0 值或者负值。Softmax 然后会正则化这些权重值,使它们的总和等于 1,以此构造一个有效的概率分布。

对于最终的公式 $y = \mathrm{soft\,max}(f(\mathrm{x})) = \mathrm{soft\,max}(w_{ij} x_j + b)$ 来说,可以将其认为如图 4.5 所示的形式:

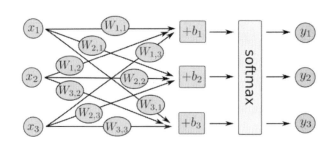

图 4.5 softmax 计算形式

图 4.5 演示了 softmax 的计算公式,这实际上就是输入的数据通过与权重的乘积之后对其进行 softmax 计算并得到结果。如果将其用数学方法表示出来,可以如图 4.6 所示。

$$\begin{bmatrix} y_1 \\ y_2 \\ y_3 \end{bmatrix} = \mathrm{softmax} \left(\begin{bmatrix} W_{1,1} & W_{1,2} & W_{1,3} \\ W_{2,1} & W_{2,2} & W_{2,3} \\ W_{3,1} & W_{3,2} & W_{3,3} \end{bmatrix} \cdot \begin{bmatrix} x_1 \\ x_2 \\ x_3 \end{bmatrix} + \begin{bmatrix} b_1 \\ b_2 \\ b_3 \end{bmatrix} \right)$$

图 4.6 softmax 矩阵表示

将这个计算过程用矩阵的形式表示出来,即矩阵乘法和向量加法,这样有利于使用

TensorFlow 内置的数学公式进行计算，极大地提高了程序效率。

4.1.5 卷积神经网络原理

前面介绍了卷积运算的基本原来和概念，从本质上来说卷积神经网络就是将图像处理中的二维离散卷积运算和神经网络相结合。这种卷积运算可以用于自动提取特征，而卷积神经网络也主要应用于二维图像的识别。下面作者将采用图示的方法更加直观地介绍卷积神经网络的工作原理。

一个卷积神经网络如果包含一个输入层、一个卷积层、一个输出层，但是在真正使用的时候一般会使用多层卷积神经网络不断地去提取特征，特征越抽象，越有利于识别（分类）。而且通常卷积神经网络也包含池化层、全连接层，最后再接输出层。

图 4.7 展示了一幅图片进行卷积神经网络处理的过程。其中主要包含 4 个步骤。

- 图像输入：获取输入的数据图像。
- 卷积：对图像特征进行提取。
- Pooling 层：用于缩小在卷积时获取的图像特征。
- 全连接层：用于对图像进行分类。

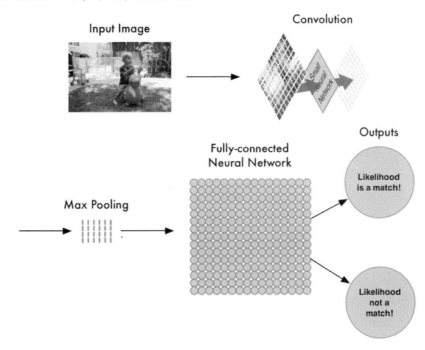

图 4.7 卷积神经网络处理图像的步骤

这几个步骤依次进行，分别具有不同的作用。而经过卷积层的图像被分部提取特征后，获得分块的、同样大小的图片，如图 4.8 所示。

图 4.8　卷积处理的分解图像

可以看到，经过卷积处理后的图像被分为若干个大小相同的、只具有局部特征的图片。图 4.9 表示对分解后的图片使用一个小型神经网络做更进一步的处理，即将二维矩阵转化成一维数组。

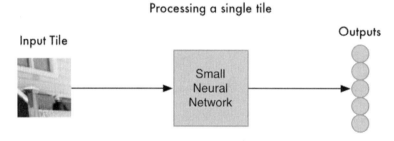

图 4.9　分解后图像的处理

需要说明的是，在这个步骤，也就是对图片进行卷积化处理时，卷积算法对所有的分解后的局部特征进行同样的计算，这个步骤称为"权值共享"。这样做的依据如下：

- 对图像等数组数据来说，局部数组的值经常是高度相关的，可以形成容易被探测到的独特的局部特征。
- 图像和其他信号的局部统计特征与其位置是不太相关的，如果特征图能在图片的一个部分出现，也能出现在任何地方。所以不同位置的单元共享同样的权重，并在数组的不同部分探测相同的模式。

数学上，这种由一个特征图执行的过滤操作是一个离散的卷积，卷积神经网络由此得名。

池化层的作用是对获取的图像特征进行缩减，从前面的例子中可以看到，使用[2,2]大小的矩阵来处理特征矩阵，使得原有的特征矩阵可以缩减到 1/4 大小，特征提取的池化效应如图 4.10 所示。

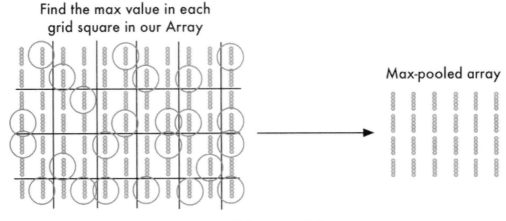

图 4.10 池化处理后的图像

池化层的作用是对获取的图像特征进行缩减，前面的例子中可以看到，使用[2,2]大小的矩阵来处理特征矩阵，使得原有的特征矩阵可以缩减到 1/4 大小，特征提取的池化效应。

经过池化处理的图像矩阵作为神经网络的数据输入，这是一个全连接层对所有的数据进行分类处理（见图 4.11），并且计算这个图像所求的所属位置概率最大值。

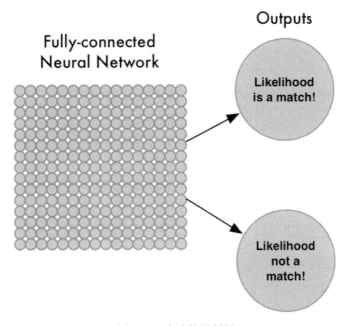

图 4.11 全连接层判断

采用较为通俗的语言概括，卷积神经网络是一个层级递增的结构，也可以将其认为是一个人在读报纸，首先一字一句地读取，之后整段地理解，最后获得全文的倾向。卷积神经网络也是从边缘、结构和位置等一起感知物体的形状。

4.2 TensorFlow 2.0 编程实战——MNIST 手写体识别

下面作者将带领读者做一个使用卷积神经网络实战的例子，即使用 TensorFlow 使用 MNIST 手写体的识别。

4.2.1 MNIST 数据集

"HelloWorld"是任何一种编程语言入门的基础程序，任何一位同学在开始编程学习时，打印的第一句话往往就是"HelloWorld"。前面章节中我们也带领读者学习和掌握了 TensorFlow 打印出的第一个程序"HelloWorld"。

在深度学习编程中也有其特有的"HelloWorld"，即 MNIST 手写体的识别。相对于上一章单纯地从数据文件中读取数据并加以训练的模型，MNIST 是一个图片数据集，其分类更多，难度也更大。

对于好奇的读者来说，一定有一个疑问，MNIST 究竟是什么？

实际上 MNIST 是一个手写数字的数据库，它有 60000 个训练样本集和 10000 个测试样本集。打开来看，MNIST 数据集就是图 4.12 所示的这个样子。

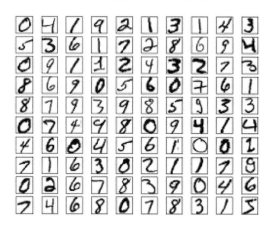

图 4.12　MNIST 文件手写体

它是 NIST 数据库的一个子集。MNIST 数据库官方网址为：

```
http://yann.lecun.com/exdb/mnist/
```

也可以直接下载 train-images-idx3-ubyte.gz、train-labels-idx1-ubyte.gz 等文件，如图 4.13 所示。

```
Four files are available on this site:

train-images-idx3-ubyte.gz:   training set images (9912422 bytes)
train-labels-idx1-ubyte.gz:   training set labels (28881 bytes)
t10k-images-idx3-ubyte.gz:    test set images (1648877 bytes)
t10k-labels-idx1-ubyte.gz:    test set labels (4542 bytes)
```

图 4.13　MNIST 文件中包含的数据集

下载 4 个文件，解压缩。解压缩后发现这些文件并不是标准的图像格式。也就是一个训练图片集，一个训练标签集，一个测试图片集，一个测试标签集；这些文件是压缩文件，解压出来，我们看到的是二进制文件，其中训练图片集的内容部分如图 4.14 所示。

```
0000 0803 0000 ea60 0000 001c 0000 001c
0000 0000 0000 0000 0000 0000 0000 0000
0000 0000 0000 0000 0000 0000 0000 0000
0000 0000 0000 0000 0000 0000 0000 0000
0000 0000 0000 0000 0000 0000 0000 0000
0000 0000 0000 0000 0000 0000 0000 0000
0000 0000 0000 0000 0000 0000 0000 0000
0000 0000 0000 0000 0000 0000 0000 0000
0000 0000 0000 0000 0000 0000 0000 0000
0000 0000 0000 0000 0000 0000 0000 0000
```

图 4.14　MNIST 文件的二进制表示

MNIST 训练集内部的文件结构如图 4.15 所示。

```
TRAINING SET IMAGE FILE (train-images-idx3-ubyte):

[offset]  [type]            [value]           [description]
0000      32 bit integer    0x00000803(2051)  magic number
0004      32 bit integer    60000             number of images
0008      32 bit integer    28                number of rows
0012      32 bit integer    28                number of columns
0016      unsigned byte     ??                pixel
0017      unsigned byte     ??                pixel
........
xxxx      unsigned byte     ??                pixel
```

图 4.15　MNIST 文件结构图

图 4.15 所示是训练集的文件结构，其中有 60000 个实例。也就是说这个文件里面包含了 60000 个标签内容，每一个标签的值为 0~9 之间的一个数。这里我们先解析每一个属性的含义，首先该数据是以二进制格式存储的，我们读取的时候要以 rb 方式读取；其次，真正的数据只

有[value]这一项，其他的[type]等只是用来描述的，并不真正在数据文件里面。

也就是说，在读取真实数据之前，要读取 4 个 32 bit integer。由[offset]可以看出真正的 pixel 是从 0016 开始的，一个 int 32 位，所以在读取 pixel 之前要读取 4 个 32 bit integer，也就是 magic number、number of images、number of rows、number of columns。

继续对图片进行分析。在 MNIST 图片集中，所有的图片都是 28×28 的，也就是每个图片都有 28×28 个像素；看图 4.16 所示 train-images-idx3-ubyte 文件中偏移量为 0 字节处，有一个 4 字节的数为 0000 0803，表示魔数；接下来是 0000 ea60 值为 60000 代表容量，接下来从第 8 个字节开始有一个 4 字节数，值为 28，也就是 0000 001c，表示每个图片的行数；从第 12 个字节开始有一个 4 字节数，值也为 28，也就是 0000 001c，表示每个图片的列数；从第 16 个字节开始才是我们的像素值。

这里使用每 784 个字节代表一幅图片。

图 4.16　每个手写体被分成 28×28 个像素

4.2.2　MNIST 数据集特征和标签介绍

前面已经介绍了通过一个简单的 Iris 数据集的例子实现了对 3 个类别的分类问题。现在我们加大难度，尝试使用 TensorFlow 去预测 10 个分类。这实际上难度并不大，如果读者已经掌握了前面的 3 分类的程序编写的话，那么这个更不在话下。

首先对于数据库的获取，读者可以通过前面的地址下载正式的 MNIST 数据集，然而在 TensorFlow 2.0 中，集成的 Keras 高级 API 带有已经处理成 npy 格式的 MNIST 数据集，可以对其进行载入和计算。

```
mnist = tf.keras.datasets.mnist
(x_train, y_train), (x_test, y_test) = mnist.load_data()
```

这里 Keras 的能够自动连接互联网下载所需要的 MNIST 数据集，最终下载的是 npz 格式的数据集 mnist.npz。

如果有读者无法连接下载数据的话，本书自带的代码库中也同样提供了对应的 mnist .npz 数据的副本，读者只将其复制到目标位置，之后再 load_data 函数中提供绝对地址即可。代码如下：

```
(x_train, y_train), (x_test, y_test) =
mnist.load_data(path='C:/Users/wang_xiaohua/Desktop/TF2.0/dataset/mnist.npz')
```

需要注意的是，这里输入的是数据集的绝对地址。load_data 函数会根据输入的地址将数据进行处理，并自动将其分解成训练集和验证集。打印训练集的维度如下：

```
(60000, 28, 28)
(60000,)
```

这里是使用 Keras 自带的 API 进行数据处理的第一个步骤,有兴趣的读者可以自行完成数据的读取和切分的代码。

上面的代码段中,input_data 函数可以按既定的格式读取出来。正如 Iris 数据库一样,每个 MNIST 实例数据单元也是由 2 部分构成,一幅包含手写数字的图片和一个与其相对应的标签。可以将其中的标签特征设置成"y",而图片特征矩阵以"x"来代替,所有的训练集和测试集中都包含 x 和 y。

图 4.17 用更为一般化的形式解释了 MNIST 数据实例的展开形式。在这里,图片数据被展开成矩阵的形式,矩阵的大小为 28×28。至于如何处理这个矩阵,常用的方法是将其展开,而展开的方式和顺序并不重要,只需要将其按同样的方式展开即可。

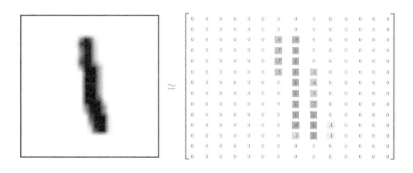

图 4.17　图片转换为向量模式

下面回到对数据的读取,前面已经介绍了,MNIST 数据集实际上就是一个包含着 60000 张图片的 60000×28×28 大小的矩阵张量[60000,28,28]。如图 4.18 所示。

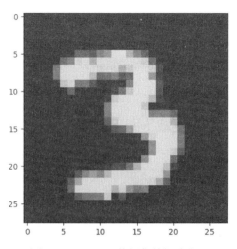

图 4.18　MNIST 数据集的矩阵表示

矩阵中行数指的是图片的索引,用以对图片进行提取。而后面的 28×28 个向量用以对图片特征进行标注。实际上,这些特征向量就是图片中的像素点,每张手写图片是[28,28]的大小,每个像素转化为 0~1 之间的一个浮点数，构成矩阵。

如同在上一章的例子中，每个实例的标签对应于 0~9 之间的任意一个数字，用以对图片进行标注。还有需要注意的是，对于提取出来的 MNIST 的特征值，默认是使用一个 0~9 之间的数值进行标注，但是这种标注方法并不能使得损失函数获得一个好的结果，因此常用的是 one_hot 计算方法，即将值具体落在某个标注区间中。

one_hot 的标注方法请读者自行学习掌握。这里作者主要是介绍将单一序列转化成 one_hot 的方法。一般情况下，TensorFlow 也自带了转化函数，即 tf.one_hot 函数，但是这个转化生成的是 Tensor 格式的数据，因此并不适合直接输入。

如果读者能够自行编写将序列值转化成 one_hot 的函数，那你的编程功底真的不错，但是 Keras 同样提供了已经编写好的转换函数：

```
tf.keras.utils.to_categorical
```

其作用是将一个序列转化成以 one-hot 形式表示的数据集。格式如图 4.19 所示。

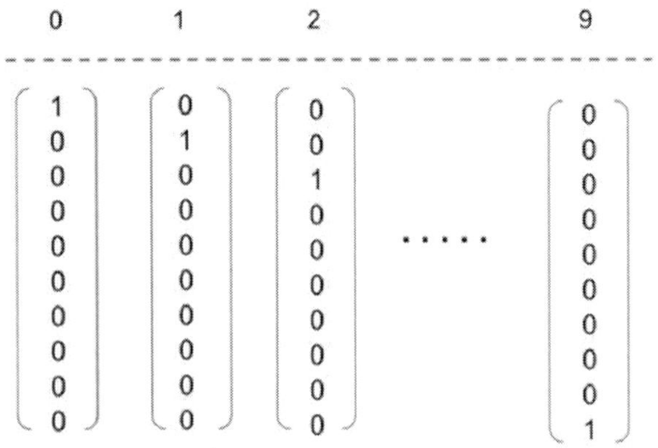

图 4.19 one-hot 数据集

现在我们知道,对于 MNIST 数据集的标签来说，实际上就是一个 60000 张图片的 60000×10 大小的矩阵张量[60000,10]。前面的行数指的是数据集中图片的个数为 60000 个，后面的 10 是 10 个列向量。

4.2.3 TensorFlow 2.0 编程实战 MNIST 数据集

上一节中，作者对 MNIST 数据做了介绍，描述了其构成方式以及其中数据的特征和标签的含义等。了解这些都是有助于编写适当的程序来对 MNIST 数据集进行分析和识别。本章开始将一步步地分析和编写代码以对数据集进行处理。

1. 第一步：数据的获取

对于 MNIST 数据的获取实际上有很多渠道，读者可以使用 TensorFlow 2.0 自带的数据获取方式获得 MNIST 数据集并进行处理，代码如下：

```
mnist = tf.keras.datasets.mnist
```

```
(x_train, y_train), (x_test, y_test) = mnist.load_data()
(
x_train, y_train), (x_test, y_test)        #下载MNIST.npy文件要注明绝对地址
= mnist.load_data(path='C:/Users/wang_xiaohua/Desktop/TF2.0/dataset/mnist.npz')
```

实际上也可以看到,对于 TensorFlow 2.0 来说,它提供常用 API 并收集整理一些数据集,为模型的编写和验证带来了最大限度的方便。

不过读者会有一个疑问,对于软件自带的 API 和自己实现的 API,选择哪个?

选择自带的 API!除非你能肯定自带的 API 不适合你的代码。因为大多数自带的 API,在底层都会做一定程度的优化,调用不同的库包去最大效率地实现功能,因此即使自己的 API 与其功能一样,但是内部实现还是有所不同。请牢记"不要重复造轮子"。

2. 第二步:数据的处理

数据的处理读者可以参考 Iris 数据的处理方式进行,即首先将 label 进行 one-hot 处理,之后使用 TensorFlow 2.0 自带的 data API 进行打包,方便的组合成 train 与 label 的配对数据集。

```
x_train = tf.expand_dims(x_train,-1)
y_train = np.float32(tf.keras.utils.to_categorical(y_train,num_classes=10))
x_test = tf.expand_dims(x_test,-1)
y_test = np.float32(tf.keras.utils.to_categorical(y_test,num_classes=10))
bacth_size = 512
train_dataset =
tf.data.Dataset.from_tensor_slices((x_train,y_train)).batch(bacth_size).shuffl
e(bacth_size * 10)
test_dataset =
tf.data.Dataset.from_tensor_slices((x_test,y_test)).batch(bacth_size)
```

需要注意的是,在数据被读出后,x_train 与 x_test 分别是训练集与测试集的数据特征部分,其是两个维度为[x,28,28]大小的矩阵,但是在 4.1 节中介绍卷积计算时,卷积的输入是一个 4 维的数据,还需要一个"通道"的标注,因此对其使用 tf 的扩展函数,修改了维度的表示方式。

3. 第三步:模型的确定与各模块的编写

对于使用深度学习构建一个分辨 MNIST 的模型来说,最简单最常用的方法是建立一个基于卷积神经网络+分类层的模型,解构如图 4.20 所示。

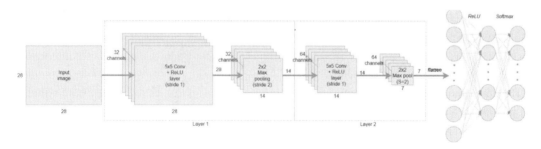

图 4.20　基于卷积神经网络+分类层的模型

从图 4.20 可以看到，一个简单的卷积神经网络模型是由卷积层、池化层、dropout 层以及作为分类的全连接层构成，同时每一层之间使用 relu 激活函数做分割，而 batch_normalization 作为正则化的工具也被作为各个层之间的连接而使用。

模型代码如下：

```
input_xs = tf.keras.Input([28,28,1])
conv = tf.keras.layers.Conv2D(32,3,padding="SAME",activation=tf.nn.relu)(input_xs)
conv = tf.keras.layers.BatchNormalization()(conv)
conv = tf.keras.layers.Conv2D(64,3,padding="SAME",activation=tf.nn.relu)(conv)
conv = tf.keras.layers.MaxPool2D(strides=[1,1])(conv)
conv = tf.keras.layers.Conv2D(128,3,padding="SAME",activation=tf.nn.relu)(conv)

flat = tf.keras.layers.Flatten()(conv)
dense = tf.keras.layers.Dense(512, activation=tf.nn.relu)(flat)
logits = tf.keras.layers.Dense(10, activation=tf.nn.softmax)(dense)
model = tf.keras.Model(inputs=input_xs, outputs=logits)

print(model.summary())
```

下面分步进行解释。

（1）输入的初始化

输入的初始化使用的是 Input 类，这里根据输入的数据大小，将输入的数据维度做成 [28,28,1]，其中的 batch_size 不需要设置，TensorFlow 2.0 会在后台自行推断。

```
input_xs = tf.keras.Input([28,28,1])
```

（2）卷积层

TensorFlow 2.0 中自带了卷积层实现类对卷积的计算，这里首先创建了一个类，通过设定卷积核数据、卷积核大小、padding 方式和激活函数初始化了整个卷积类。

```
conv = tf.keras.layers.Conv2D(32,3,padding="SAME",activation=
tf.nn.relu)(input_xs)
```

TensorFlow 2.0 中的卷积层的定义在绝大多数的情况下直接调用给定的、实现好的卷积类即可。顺便说一句，卷积核大小等于 3 的话，TensorFlow 2.0 中专门给予了优化。原因在下一章的时候会揭晓。现在读者只需要牢记卷积类的初始化和卷积层的使用即可。

（3）BatchNormalization 和 Maxpool 层

Batch_normalization 和 Maxpool 层的目的是输入数据正则化，最大限度地减少模型的过拟合和增大模型的泛化能力。对于 Batch_normalization 和 Maxpool 的实现，读者自行参考模型代码的写法做个实现，有兴趣的读者可以更深一步学习其相关的理论，本书就不再过多介绍了。

```
conv = tf.keras.layers.BatchNormalization()(conv)
```

```
…
conv = tf.keras.layers.MaxPool2D(strides=[1,1])(conv)
```

（4）起分类作用的全连接层

全连接层的作用是对卷积层所提取的特征做最终分类。这里我们首先使用 flat 函数，将提取计算后的特征值平整化，之后的 2 个全连接层起到特征提取和分类的作用。最终做出分类。

```
dense = tf.keras.layers.Dense(512, activation=tf.nn.relu)(flat)
logits = tf.keras.layers.Dense(10, activation=tf.nn.softmax)(dense)
```

同样使用 TensorFlow 对模型进行打印，可以将所涉及的各个层级都打印出来，如图 4.21 所示。

```
Model: "model"
_____
Layer (type)                 Output Shape              Param #
=================================================================
input_1 (InputLayer)         [(None, 28, 28, 1)]       0
_____
conv2d (Conv2D)              (None, 28, 28, 32)        320
_____
batch_normalization (BatchNo (None, 28, 28, 32)        128
_____
conv2d_1 (Conv2D)            (None, 28, 28, 64)        18496
_____
max_pooling2d (MaxPooling2D) (None, 27, 27, 64)        0
_____
conv2d_2 (Conv2D)            (None, 27, 27, 128)       73856
_____
flatten (Flatten)            (None, 93312)             0
_____
dense (Dense)                (None, 512)               47776256
_____
dense_1 (Dense)              (None, 10)                5130
=================================================================
Total params: 47,874,186
Trainable params: 47,874,122
Non-trainable params: 64
```

图 4.21　打印各个层级

可以看到，各个层级的作用和所涉及的参数。可以看到，各个层依次被计算，并且所用的参数也打印出来了。

【程序 4-5】

```
import numpy as np
# 下面使用 MNIST 数据集
import tensorflow as tf


mnist = tf.keras.datasets.mnist
#这里先调用上面函数然后下载数据包，下面要填上绝对路径
(x_train, y_train), (x_test, y_test) =
```

```python
mnist.load_data(path='C:/Users/wang_xiaohua/Desktop/TF2.0写的书
/TF2.0/dataset/mnist.npz')
x_train, x_test = x_train / 255.0, x_test / 255.0
x_train = tf.expand_dims(x_train,-1)
y_train = np.float32(tf.keras.utils.to_categorical(y_train,num_classes=10))
x_test = tf.expand_dims(x_test,-1)
y_test = np.float32(tf.keras.utils.to_categorical(y_test,num_classes=10))
#这里为了shuffle数据,单独定义了每个batch的大小,batch_size,这与下方的shuffle对应
bacth_size = 512
train_dataset =
tf.data.Dataset.from_tensor_slices((x_train,y_train)).batch(bacth_size).shuffl
e(bacth_size * 10)
test_dataset =
tf.data.Dataset.from_tensor_slices((x_test,y_test)).batch(bacth_size)
input_xs = tf.keras.Input([28,28,1])
conv =
tf.keras.layers.Conv2D(32,3,padding="SAME",activation=tf.nn.relu)(input_xs)
conv = tf.keras.layers.BatchNormalization()(conv)
conv = tf.keras.layers.Conv2D(64,3,padding="SAME",activation=tf.nn.relu)(conv)
conv = tf.keras.layers.MaxPool2D(strides=[1,1])(conv)
conv = tf.keras.layers.Conv2D(128,3,padding="SAME",activation=tf.nn.relu)(conv)
flat = tf.keras.layers.Flatten()(conv)
dense = tf.keras.layers.Dense(512, activation=tf.nn.relu)(flat)
logits = tf.keras.layers.Dense(10, activation=tf.nn.softmax)(dense)
model = tf.keras.Model(inputs=input_xs, outputs=logits)

model.compile(optimizer=tf.optimizers.Adam(1e-3),
loss=tf.losses.categorical_crossentropy,metrics = ['accuracy'])
model.fit(train_dataset, epochs=10)
model.save("./saver/model.h5")
score = model.evaluate(test_dataset)

print("last score:",score)
```

最终打印结果如图4.22所示。

```
 1/20 [>.............................] - ETA: 2s - loss: 0.0461 - accuracy: 0.9844
 3/20 [===>..........................] - ETA: 1s - loss: 0.0815 - accuracy: 0.9805
 5/20 [======>.......................] - ETA: 0s - loss: 0.0901 - accuracy: 0.9805
 7/20 [=========>....................] - ETA: 0s - loss: 0.0918 - accuracy: 0.9807
 9/20 [============>.................] - ETA: 0s - loss: 0.0833 - accuracy: 0.9816
11/20 [===============>..............] - ETA: 0s - loss: 0.0765 - accuracy: 0.9828
13/20 [==================>...........] - ETA: 0s - loss: 0.0691 - accuracy: 0.9841
15/20 [=====================>........] - ETA: 0s - loss: 0.0604 - accuracy: 0.9859
17/20 [========================>.....] - ETA: 0s - loss: 0.0539 - accuracy: 0.9874
19/20 [===========================>..] - ETA: 0s - loss: 0.0510 - accuracy: 0.9881
20/20 [==============================] - 1s 47ms/step - loss: 0.0512 - accuracy: 0.9879
last score: [0.051227264245972036, 0.9879]
```

图4.22 打印结果

可以看到，经过模型的训练，在测试集上最终的准确率达到 0.9879，即 98%以上，而损失率在 0.05 左右。

4.2.4 使用自定义的卷积层实现 MNIST 识别

利用已有的卷积层已经能够较好地达到目标，使得准确率在 0.98 以上。这是一个非常不错的准确率，但是为了获得更高的准确率，还有没有别的方法能够在这个基础上做更进一步的提高呢。

一个非常简单的思想就是建立 short-cut，即建立数据通路，使得输入的数据和经过卷积计算后的数据连接在一起，从而解决卷积层总对忽略某些特定小细节的问题，模型如图 4.23 所示。

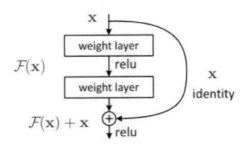

图 4.23 残差网络

这是一个"残差网络"部分示意图，即将输入的数据经过卷积层计算后与输入数据直接相连，从而建立一个能够保留更多细节内容的卷积结构。

遵循计算 Iris 数据集的自定义层级的方法，在继承 Layers 层后，TensorFlow 2.0 自定义的一个层级需要实现 3 个函数：init、build 和 call 函数。

1. 第一步：初始化参数

init 的作用是初始化所有的参数，根据所需要设定的层中的参数，再分析模型可以得知，目前需要定义的参数为卷积核数目和卷积核大小。

```
class MyLayer(tf.keras.layers.Layer):
    def __init__(self,kernel_size ,filter):
        self.filter = filter
        self.kernel_size = kernel_size
        super(MyLayer, self).__init__()
```

2. 第二步：定义可变参数

模型中参数的定义在 build 中，这里是对所有可变参数的定义，代码如下：

```
def build(self, input_shape):
    self.weight =
tf.Variable(tf.random.normal([self.kernel_size,self.kernel_size,input_shape[-1
```

```
],self.filter]))
   self.bias = tf.Variable(tf.random.normal([self.filter]))
   super(MyLayer, self).build(input_shape)  # Be sure to call this somewhere!
```

3. 第三步：模型的计算

模型的计算定义在 call 函数中，对于残差网络的最简单的表示如下：

$$conv = conv(input)$$

$$out = relu(conv) + input$$

这里分段实现结果，即将卷积计算后的函数结果再经过激活函数后，叠加输入值作为输出。代码如下：

```
def call(self, input_tensor):
   conv = tf.nn.conv2d(input_tensor, self.weight, strides=[1, 2, 2, 1], padding='SAME')
   conv = tf.nn.bias_add(conv, self.bias)
   out = tf.nn.relu(conv) + conv
   return out
```

全部代码段如下：

```
class MyLayer(tf.keras.layers.Layer):
   def __init__(self,kernel_size ,filter):
      self.filter = filter
      self.kernel_size = kernel_size
      super(MyLayer, self).__init__()
   def build(self, input_shape):
      self.weight =
tf.Variable(tf.random.normal([self.kernel_size,self.kernel_size,input_shape[-1],self.filter]))
      self.bias = tf.Variable(tf.random.normal([self.filter]))
      super(MyLayer, self).build(input_shape)  # Be sure to call this somewhere!
   def call(self, input_tensor):
      conv = tf.nn.conv2d(input_tensor, self.weight, strides=[1, 2, 2, 1], padding='SAME')
      conv = tf.nn.bias_add(conv, self.bias)
      out = tf.nn.relu(conv) + conv
      return out
```

下面代码将自定义的卷积层替换为对应的卷积层。

【程序 4-6】

```
# 下面使用 MNIST 数据集
```

```python
import tensorflow as tf

mnist = tf.keras.datasets.mnist
#这里先调用上面函数然后下载数据包,下面要填上绝对路径
(x_train, y_train), (x_test, y_test) = mnist.load_data(path='C:/Users/wang_xiaohua/Desktop/TF2.0写的书/TF2.0/dataset/mnist.npz')
x_train, x_test = x_train / 255.0, x_test / 255.0
x_train = tf.expand_dims(x_train,-1)
y_train = np.float32(tf.keras.utils.to_categorical(y_train,num_classes=10))
x_test = tf.expand_dims(x_test,-1)
y_test = np.float32(tf.keras.utils.to_categorical(y_test,num_classes=10))
bacth_size = 512
train_dataset = tf.data.Dataset.from_tensor_slices((x_train,y_train)).batch(bacth_size).shuffle(bacth_size * 10)
test_dataset = tf.data.Dataset.from_tensor_slices((x_test,y_test)).batch(bacth_size)

class MyLayer(tf.keras.layers.Layer):
    def __init__(self,kernel_size ,filter):
        self.filter = filter
        self.kernel_size = kernel_size
        super(MyLayer, self).__init__()
    def build(self, input_shape):
        self.weight = tf.Variable(tf.random.normal([self.kernel_size,self.kernel_size,input_shape[-1],self.filter]))
        self.bias = tf.Variable(tf.random.normal([self.filter]))
        super(MyLayer, self).build(input_shape)  # Be sure to call this somewhere!
    def call(self, input_tensor):
        conv = tf.nn.conv2d(input_tensor, self.weight, strides=[1, 2, 2, 1], padding='SAME')
        conv = tf.nn.bias_add(conv, self.bias)
        out = tf.nn.relu(conv) + conv
        return out

input_xs = tf.keras.Input([28,28,1])
conv = tf.keras.layers.Conv2D(32,3,padding="SAME",activation=tf.nn.relu)(input_xs)
#使用自定义的层替换 TensorFlow 2.0 的卷积层
conv = MyLayer(32,3)(conv)
conv = tf.keras.layers.BatchNormalization()(conv)
conv = tf.keras.layers.Conv2D(64,3,padding="SAME",activation=tf.nn.relu)(conv)
conv = tf.keras.layers.MaxPool2D(strides=[1,1])(conv)
conv = tf.keras.layers.Conv2D(128,3,padding="SAME",activation=tf.nn.relu)(conv)

flat = tf.keras.layers.Flatten()(conv)
```

```python
dense = tf.keras.layers.Dense(512, activation=tf.nn.relu)(flat)
logits = tf.keras.layers.Dense(10, activation=tf.nn.softmax)(dense)
model = tf.keras.Model(inputs=input_xs, outputs=logits)
print(model.summary())
model.compile(optimizer=tf.optimizers.Adam(1e-3),
loss=tf.losses.categorical_crossentropy,metrics = ['accuracy'])
model.fit(train_dataset, epochs=10)
model.save("./saver/model.h5")
score = model.evaluate(test_dataset)

print("last score:",score)
```

最终结果打印如图 4.24 所示。

```
11/20 [==============>............] - ETA: 0s - loss: 0.0771 - accuracy: 0.9903
12/20 [===============>...........] - ETA: 0s - loss: 0.0755 - accuracy: 0.9905
13/20 [================>..........] - ETA: 0s - loss: 0.0732 - accuracy: 0.9914
14/20 [=================>.........] - ETA: 0s - loss: 0.0695 - accuracy: 0.9924
15/20 [==================>........] - ETA: 0s - loss: 0.0653 - accuracy: 0.9935
16/20 [===================>.......] - ETA: 0s - loss: 0.0614 - accuracy: 0.9944
17/20 [====================>......] - ETA: 0s - loss: 0.0580 - accuracy: 0.9948
18/20 [=====================>.....] - ETA: 0s - loss: 0.0511 - accuracy: 0.9952
19/20 [======================>....] - ETA: 0s - loss: 0.0471 - accuracy: 0.9955
20/20 [=======================>...] - 3s 137ms/step - loss: 0.0405 - accuracy: 0.9913
last score: [0.04711936466246843, 0.9913]
```

图 4.24　打印结果

4.3 本章小结

本章是 TensorFlow 2.0 入门的完结部分，主要介绍了使用卷积对 MNIST 数据集做识别。这是一个入门案例，但是包含的内容非常多，例如使用多种不同的层和类构建一个较为复杂的卷积神经网络。我们也向读者介绍了部分类和层的使用，不仅仅是卷积神经网络。

本章自定义了一个新的卷积层："残差卷积"。这是一种非常重要的内容，在第 6 章中，我们将带领读者认真研究这种新架构的卷积层。在此之前，希望读者尽快熟悉和掌握 TensorFlow 2.0 自定义层的写法和用法。

第 5 章
TensorFlow 2.0 Dataset 使用详解

对于小动物的喂养，需要从幼小开始，不停地给它提供食物，促进它的成长，如图 5.1 所示。

图 5.1 动物的喂养

TensorFlow 在对数据的需求上也是如是。需要源源不断地获取数据"食物"，充分吸收了这些数据"食物"中所包含的信息后才能茁壮地成长。

本章将介绍 TensorFlow 2.0 官方提供的 Dataset API，学习如何对数据进行访问和处理。通过简洁和优雅的语法，使读者能够便捷地掌握基本数据的创建和使用方法。

5.1 Dataset API 基本结构和内容

从 TensorFlow 官方网站上来看，Dataset API 主要分成如图 5.2 所示的几个部分：

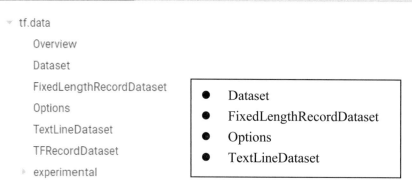

图 5.2 Dataset API

其相互依赖关系如图 5.3 所示。

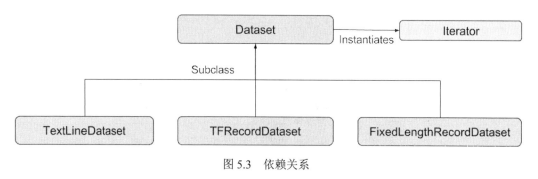

图 5.3 依赖关系

从关系上来看 TextLineDataset、TFRecordDataset 和 FixedLengthRecordDataset 都是继承自 Dataset 这个大类，但是具体而言，不同的子类又具有不同的数据处理侧重点，总结如下：

- FixedLengthRecordDataset：二进制数据的处理。
- TextLineDataset：负责文本处理。
- TFRecordDataset：处理存储于硬盘的大量数据，不适合进行内存读取。

以 TFRecordDataset 为例，其函数主要包括数据读取、元素变换、过滤、数据集拼接、交叉等。

Dataset 可以表示为一些元素的序列，该元素序列可以是列表、元组甚至是字典。比如对于图像通道，元素可以是单独的数据样本，也可以是成对的（样本+label）。

5.1.1 Dataset API 数据种类

我们已经见过 from_tensor_slices 函数很多次了，其代码如下：

【程序 5-1】

```
import tensorflow as tf
data=[[0,0,0,0,0],[1,1,1,1,1],[2,2,2,2,2]]
dataset=tf.data.Dataset. from_tensor_slices (data)
print(dataset)
```

打印结果如下：

<TensorSliceDataset shapes: (5,), types: tf.int32>

可以看到，这里分别打印出了 3 列，第 1 列生成数据是 dataset 的数据类型，第 2 和第 3 列分别是 dataset 的数据大小和种类。

顺便提示一下，在 data 中，使用了 3 个长度为 5 的 int 数值创建了一个数据集。如果将 data 改成如下形式：

[[0,0,0,0,0],[1,1,1,1,1],[2,2,2,2,2.0]]

最后一个 2 被改成 2.0，那么打印结果如何？请读者自行尝试。

5.1.2 Dataset API 基础使用

对于输入数据的不同，Dataset 提供了多种方法对数据进行处理，在程序 5-1 中，from_tensors 函数是从内存中读取对应的数据。下面则以程序 5-1 为例子介绍 dataset 的基础使用方法。

1. 第一步：单个数据的读入

from_tensor_slices 函数是从数据中返回一个切片，也就是单个数据信息，代码段如下：

```
import tensorflow as tf
data=[[0,0,0,0,0],[1,1,1,1,1],[2,2,2,2,2]]
dataset=tf.data.Dataset. from_tensor_slices (data)
```

2. 第二步：读出数据

新的 TensorFlow 2.0 对 data 数据的改变就是最大限度地简化了读取方法，使得原本复杂的读取步骤（make_one_shot、iterator 等）最大限度地简化。即将它当成一个传统的"可迭代"数据集使用，代码如下：

【程序 5-2】

```
import tensorflow as tf
data=[[0,0,0,0,0],[1,1,1,1,1],[2,2,2,2,2]]
dataset=tf.data.Dataset.from_tensor_slices (data)
for _ in range(2):
    for index,line in enumerate(dataset):
        print(index," ",line)
print("------------------")
```

打印结果如图 5.4 所示。

```
0    tf.Tensor([0 0 0 0 0], shape=(5,), dtype=int32)
1    tf.Tensor([1 1 1 1 1], shape=(5,), dtype=int32)
2    tf.Tensor([2 2 2 2 2], shape=(5,), dtype=int32)
-----------
0    tf.Tensor([0 0 0 0 0], shape=(5,), dtype=int32)
1    tf.Tensor([1 1 1 1 1], shape=(5,), dtype=int32)
2    tf.Tensor([2 2 2 2 2], shape=(5,), dtype=int32)
-----------
```

图 5.4 打印结果

可以看到，此时的 data 在内部实际上被整合成一个新的可迭代的数据集，直接使用 for 函数可以方便地打印。

下面换一种数据输出的模型，即在读入数据集以后，使用 batch 将数据打包后重新生成。代码如下：

【程序 5-3】

```
import tensorflow as tf
data=[[0,0,0,0,0],[1,1,1,1,1],[2,2,2,2,2]]
dataset=tf.data.Dataset.from_tensor_slices (data).batch(2)
for index,line in enumerate(dataset):
    print(index," ",line)
    print("-----------")
```

打印结果如图 5.5 所示。

```
0    tf.Tensor(
[[0 0 0 0 0]
 [1 1 1 1 1]], shape=(2, 5), dtype=int32)
-----------
1    tf.Tensor([[2 2 2 2 2]], shape=(1, 5), dtype=int32)
-----------
```

图 5.5 打印结果

可以看到数据打印实际被分成 2 组，一组为大小为[2,5]的数组，另一组为剩余的 batch 结果。

5.2 Dataset API 高级用法

在 5.1 节中，我们使用 Dataset API 读取了单个数据。但是对于最基本的 TensorFlow 模型来说，单个数据的读取并不能够满足需求，一般而言数据和标签需要配对进行读取。

当然聪明的读者会想到，可以使用 2 个 from_tensor_slices 函数分别读取所需要的内容，这样做是完全可以的。但是同样为了省事，TensorFlow 官方也提供了相应的高级用法，使不同的数据集可以组合在一起使用。

```
dataset=tf.data.Dataset.from_tensor_slices ({
    "a": np.array([1.0, 2.0, 3.0, 4.0, 5.0]),
    "b": np.random.random(size=(5, 3))
    }
)
```

可以看到，from_tensor_slices 函数读取了一个字典形式的数据，具体来看，以 a 为 key 的数据是一个长度为 5 的数值序列，而 b 是一个大小为[5,3]的数据集，这样依次进行对应计算，即每个 a 的第一个元素对应于 b 中第一个元素。

【程序 5-4】

```
import tensorflow as tf
import numpy as np
dataset=tf.data.Dataset.from_tensor_slices ({
    "a": np.array([1.0, 2.0, 3.0, 4.0, 5.0]),
    "b": np.random.random(size=(5, 3))
    }
)
print(dataset)
```

打印结果如下：

```
<TensorSliceDataset shapes: {a: (), b: (3,)}, types: {a: tf.float64, b: tf.float64}>
```

可以看到这里 a 和 b 被重新定义，分别去除第一个元素作为对应显示。修改程序 5-6 如下：

【程序 5-5】

```
import tensorflow as tf
import numpy as np
dataset=tf.data.Dataset.from_tensor_slices ({
    "a": np.array([1.0, 2.0, 3.0, 4.0, 5.0]),
    "b": np.random.random(size=(5, 3))
    }
)
for line in dataset:
print(line["a"],"---",line["b"])
```

打印结果如图 5.6 所示。

```
tf.Tensor(1.0, shape=(), dtype=float64) --- tf.Tensor([0.26935237 0.35859144 0.09798196], shape=(3,), dtype=float64)
tf.Tensor(2.0, shape=(), dtype=float64) --- tf.Tensor([0.75657119 0.7774104  0.2114192 ], shape=(3,), dtype=float64)
tf.Tensor(3.0, shape=(), dtype=float64) --- tf.Tensor([0.89944409 0.30745889 0.78543458], shape=(3,), dtype=float64)
tf.Tensor(4.0, shape=(), dtype=float64) --- tf.Tensor([0.71445284 0.86729183 0.93486517], shape=(3,), dtype=float64)
tf.Tensor(5.0, shape=(), dtype=float64) --- tf.Tensor([0.7198062  0.44152273 0.05490821], shape=(3,), dtype=float64)
```

图 5.6　打印结果

有读者可能会注意到，这里采用的是字典形式，即一个花括号{…}将数据包装起来，实际上 from_tensor_slices 也接受以小括号包装的数据组合：

```
dataset=tf.data.Dataset. from_tensor_slices ((
    np.array([1.0, 2.0, 3.0, 4.0, 5.0]),
    np.random.random(size=(5, 3))
)
)
```

此时数据集被构成一个"元组"而非使用字典的形式。

【程序 5-6】

```
import tensorflow as tf
import numpy as np

dataset=tf.data.Dataset. from_tensor_slices ((
    np.array([1.0, 2.0, 3.0, 4.0, 5.0]),
    np.random.random(size=(5, 3))
)
)
for xs,ys in dataset:

print(xs," ",ys)
```

打印结果如图 5.7 所示。

```
tf.Tensor(1.0, shape=(), dtype=float64)    tf.Tensor([0.22322008 0.53324016 0.3857274 ], shape=(3,), dtype=float64)
tf.Tensor(2.0, shape=(), dtype=float64)    tf.Tensor([0.52995321 0.01338348 0.23472333], shape=(3,), dtype=float64)
tf.Tensor(3.0, shape=(), dtype=float64)    tf.Tensor([0.982717   0.53997127 0.56406601], shape=(3,), dtype=float64)
tf.Tensor(4.0, shape=(), dtype=float64)    tf.Tensor([0.13629258 0.12199221 0.92762117], shape=(3,), dtype=float64)
tf.Tensor(5.0, shape=(), dtype=float64)    tf.Tensor([0.96342403 0.54634598 0.78185978], shape=(3,), dtype=float64)
```

图 5.7 打印结果

至于那种方法较好,请读者根据需要自行选择使用。

5.2.1 Dataset API 数据转换方法

除了常用的数据读入和输出的方法外,Dataset 还提供了一系列新型的 API,帮助数据集进行转换,从而在原有数据集基础上生成一个新的子集,常用的数据转换方式有数据变换、打乱、组成 batch、生成 epoch 等一系列操作。常用的 Transformation 有:

- map
- batch
- shuffle
- repeat

1. map 的用法

map 接收一个函数对象，使用 Dataset 读取的每个数据都会被当成这个函数的输入，并将函数计算后的结果作为返回值输出，组成一个新的 dataset。代码段如下：

```
def get_sum(dict):
    feat = dict["feat"]
    label = dict["label"]
    sum = tf.reduce_mean(label)

    return feat,sum
dataset=tf.data.Dataset. from_tensor_slices ({
    "feat": np.array([1.0, 2.0, 3.0, 4.0, 5.0]),
    "label": np.random.random(size=(5, 3))
 })
dataset = dataset.map(get_sum)
```

这里首先通过 from_tensor_slices 读取数据，之后使用 get_sum 函数计算读取的数据，最后将计算值返回。

这里需要注意，计算后的数据被组合成一个新的数据，并存储在新的数据集中，以用于后续的操作。

【程序 5-7】

```
import tensorflow as tf
import numpy as np

def get_sum(dict):
    feat = dict["feat"]
    label = dict["label"]
    sum = tf.reduce_mean(label)
    return feat, sum
dataset = tf.data.Dataset.from_tensor_slices({
    "feat": np.array([1.0, 2.0, 3.0, 4.0, 5.0]),
    "label": np.random.random(size=(5, 3))
})
dataset = dataset.map(get_sum)
for xs,ys in dataset:
print(xs," ",ys)
```

打印结果如图 5.8 所示。

```
tf.Tensor(1.0, shape=(), dtype=float64)    tf.Tensor(0.29957629709656636, shape=(), dtype=float64)
tf.Tensor(2.0, shape=(), dtype=float64)    tf.Tensor(0.30382275291136485, shape=(), dtype=float64)
tf.Tensor(3.0, shape=(), dtype=float64)    tf.Tensor(0.7373160461476505, shape=(), dtype=float64)
tf.Tensor(4.0, shape=(), dtype=float64)    tf.Tensor(0.7104443870311715, shape=(), dtype=float64)
tf.Tensor(5.0, shape=(), dtype=float64)    tf.Tensor(0.573805498940254, shape=(), dtype=float64)
```

图 5.8 打印结果

2. batch 的用法

batch 的作用是将输入的数据打包输出，使用代码如下：

```
dataset=tf.data.Dataset.from_tensor_slices ({
    "feat": np.array([1.0, 2.0, 3.0, 4.0, 5.0]),
    "label": np.random.random(size=(5, 3))}
)
dataset = dataset.batch(3)
```

同样，这里输入数据集，并将其整合成每个 batch 有 3 个元素，全部代码如程序 5-10 所示。

【程序 5-8】

```
import tensorflow as tf
import numpy as np
dataset=tf.data.Dataset.from_tensor_slices ({
    "feat": np.array([1.0, 2.0, 3.0, 4.0, 5.0]),
    "label": np.random.random(size=(5, 3))
    }
)
dataset = dataset.batch(3)
print(dataset)
```

打印结果如图 5.9 所示。可以看到，这里数据集被分成 2 个 batch，每个 batch 中使用字典的形式将全部数据集体存放，并且依次做了对应分组，这样生成了 2 个 batch。

```
<BatchDataset shapes: {feat: (None,), label: (None, 3)}, types: {feat: tf.float64, label: tf.float64}>
```

图 5.9　打印结果

3. shuffle 的用法

Shuffle 的作用是打乱 Dataset 中的元素，它有一个参数 buffer_size，表示打乱时使用的 buffer 的大小。

```
dataset = dataset.shuffle(buffer_size=100)
```

【程序 5-9】

```
import tensorflow as tf
import numpy as np
dataset=tf.data.Dataset.from_tensor_slices ({
    "feat": np.array([1.0, 2.0, 3.0, 4.0, 5.0]),
    "label": np.random.random(size=(5, 3))
    }
)
dataset = dataset.shuffle(buffer_size=100)
dataset = dataset.batch(2)
```

```
for line in dataset:
    print(line["feat"]," ",line["label"])
print("--------------------")
```

这里对读取的数据做了 shuffle 处理，之后 batch 函数将其组合成一个新的 dataset，这个新的 dataset 又重新被加载进迭代器中进行输出。结果如图 5.10 所示。

```
tf.Tensor([4. 2.], shape=(2,), dtype=float64)   tf.Tensor(
[[0.41021443 0.60429492 0.38480552]
 [0.94320283 0.29658178 0.59730845]], shape=(2, 3), dtype=float64)
--------------------
tf.Tensor([5. 1.], shape=(2,), dtype=float64)   tf.Tensor(
[[0.9266344  0.53451221 0.92064637]
 [0.38084587 0.47658538 0.76184144]], shape=(2, 3), dtype=float64)
--------------------
tf.Tensor([3.], shape=(1,), dtype=float64)   tf.Tensor([[0.32903692 0.57588953 0.02516769]], shape=(1, 3), dtype=float64)
--------------------
```

图 5.10　打印结果

可以看到其中的迭代数据分成 3 个字典集合输出，并且顺序也做了修正。

4. repeat 的用法

repeat 的用法是将数据集重复若干次，代码如下：

```
dataset = dataset.repeat(2)
```

其中的数字 2 指的是整个数据集重复的次数，配合 shuffle 使用的话，可以使数据集在打乱顺序后获得更多的结果。

【程序 5-10】

```
import tensorflow as tf
import numpy as np

dataset=tf.data.Dataset.from_tensor_slices ({
    "feat": np.array([1.0, 2.0, 3.0, 4.0, 5.0]),
    "label": np.random.random(size=(5, 3))
    }
)
dataset = dataset.repeat(2)
dataset = dataset.shuffle(100)

for line in dataset:
print(line)
```

结果也是如此，如图 5.11 所示。

```
dtype=float64, numpy=1.0>, 'label': <tf.Tensor: id=16, shape=(3,), dtype=float64, numpy=array([0.51073654, 0.4362411 , 0.88676519])>}
dtype=float64, numpy=5.0>, 'label': <tf.Tensor: id=20, shape=(3,), dtype=float64, numpy=array([0.22756214, 0.15766779, 0.0245496 ])>}
dtype=float64, numpy=4.0>, 'label': <tf.Tensor: id=24, shape=(3,), dtype=float64, numpy=array([0.09398553, 0.11409945, 0.10427974])>}
dtype=float64, numpy=3.0>, 'label': <tf.Tensor: id=28, shape=(3,), dtype=float64, numpy=array([0.9290486 , 0.64704239, 0.49012818])>}
dtype=float64, numpy=4.0>, 'label': <tf.Tensor: id=32, shape=(3,), dtype=float64, numpy=array([0.09398553, 0.11409945, 0.10427974])>}
dtype=float64, numpy=1.0>, 'label': <tf.Tensor: id=36, shape=(3,), dtype=float64, numpy=array([0.51073654, 0.4362411 , 0.88676519])>}
dtype=float64, numpy=5.0>, 'label': <tf.Tensor: id=40, shape=(3,), dtype=float64, numpy=array([0.22756214, 0.15766779, 0.0245496 ])>}
dtype=float64, numpy=2.0>, 'label': <tf.Tensor: id=44, shape=(3,), dtype=float64, numpy=array([0.67617252, 0.75074004, 0.74420599])>}
dtype=float64, numpy=2.0>, 'label': <tf.Tensor: id=48, shape=(3,), dtype=float64, numpy=array([0.67617252, 0.75074004, 0.74420599])>}
dtype=float64, numpy=3.0>, 'label': <tf.Tensor: id=52, shape=(3,), dtype=float64, numpy=array([0.9290486 , 0.64704239, 0.49012818])>}
```

图 5.11 打印结果

5.2.2 一个读取图片数据集的例子

图片数据集是较为常用的一种数据形式，也是深度学习中必不可少的数据集材料和测试目标。下面的代码段是一个使用 Dataset API 读取图片数据集的例子，具体使用请读者自行测试完成。

```python
def parse_image_dataset_function(filename, label):
    image_string = tf.read_file(filename)
    # image_decoded = tf.image.decode_image(image_string, channels=3)
    image_decoded = tf.image.decode_jpeg(image_string)
    image_resized = tf.image.resize_images(image_decoded, size=(100, 100))

    return image_resized, label
```

或者可以使用经过 batch 处理的图片读取的例子，如下所示：

```python
def get_iamge_datase_example(batch_size = 12):
    filenames_tmp = glob.glob(os.path.join('./img_dataset',
'*.{}'.format('jpg')))
    filenames = tf.constant(filenames_tmp)
    labels = tf.constant(range(len(filenames_tmp)))

    dataset = tf.data.Dataset.from_tensor_slices((filenames, labels))
    dataset = dataset.map(parse_function)
dataset = dataset.shuffle(buffer_size=500).batch(batch_size).repeat(3)
```

也请读者自行测试。

5.3 使用 TFRecord API 创建和使用数据集

可能有读者在做 TensorFlow 模型训练的时候，会遇到这样的问题：当每个输入到模型中运行的 batch_size 过大的时候，会报告 OOM 错误，即输入的数据量超过了显存所能够存储的最大容量。

这个问题的一个简单的解决办法是调小 batch_size 的数目，但这个是相对的，当数据缓存较少的时候，GPU 利用率也可能较低。

从图 5.12 上可以看到，当 GPU 的显存占用率很高的时候，利用率却在一个较低水准。更为进一步观察，此时的 CPU 占用率较高。更多的资源被用在数据计算和整合上，这样经计算后的误差传递到 GPU 后会有一个延迟，使得 GPU 利用效率无法达到既定的要求。

一般来说，GPU 利用率太低的原因有如下几点：

- 显存太小不足以将全部数据一次性导入。
- CPU 进行的数据切分和模型训练之间无法异步，训练过程易受到数据 mini-batch 切分耗时阻塞。
- 硬件带宽的限制。

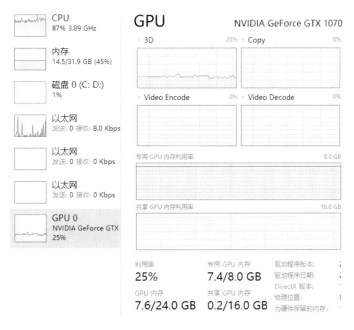

图 5.12　GPU 利用率

本节将主要介绍使用 TFRecord 创建文本数据集，并将其作为数据格式进行使用。

5.3.1　TFRecord 详解

> **提　示**
>
> 本节内容较为复杂，但实际上也只是一个固定格式的嵌套，读者记住固定格式即可。

首先对于 TFRecord 文件来看，TFRecord 文件中的数据都是通过 tf.train.Example ProtocolBuffer 格式（即二进制文件）存储，真实格式如下：

```
message Example{
    Features features = 1;
};
```

```
message Features{
   map<string,Feature> feature = 1;
};
message Feature{
   one of kind{
      BytesList bytes_list = 1;
      FloatList float_list = 2;
      Int64List int64_list = 3;
   }
};
```

如果读者学过 ProtocolBuffer 格式的数据，例如 JSON 等，会很轻松地了解这种存储方式，不了解也没关系。读者只需要知道对于 TFRecord 来说，实际上是生成了一个属性名（key）与值（value）对应的字典。

从 TensorFlow 官网上对 TFRecord 的介绍来看，其可以接受 3 种类型的数据，分别是属性取值可以为字符串（BytesList）、实数列表（FloatList）和整数列表（Int64List）。

- tf.train.BytesList（string）
- tf.train.FloatList
- tf.train.Int64List

三种类型都是列表类型，在使用时可以根据具体情况进行扩展。但是也是因为这种较为弹性的用法，在解析的时候，需要人为地设定解析参数。

此外需要记住的是，在 TensorFlow 中，example 是按照行读取的，这一点需要时刻记住，比如存储 M×N 矩阵，使用 BytesList 存储的话，需要 M×N 大小的列表，按照每一行的读取方式存放。

下面更做一些更为细致的分析，从每个输入的类型数据来看：

- int64：tf.train.Feature(int64_list = tf.train.Int64List(value=input_list))
- float32：tf.train.Feature(float_list = tf.train.FloatList(value=input_list))
- string(bytes)：tf.train.Feature(bytes_list=tf.train.BytesList(value= input_list))

每个 Feature 根据输入 value 产生对应的、符合要求的类型数据，需要注意，这里的 input_list 我们特意加上 list 的单词，表明输入必须是一个 list，而非其他。

现在又可能遇到问题，如果获取的数据本身就是"矩阵"或者"string"，这种情况下该如何处理？解决办法如下：

- 转成 list 类型：将矩阵使用 NumPy 中 flatten 函数转换成 list（也就是向量），再用写入 list 的方式写入。
- 转成 string 类型：将张量用.tostring()转换成 string 类型，再用 tf.train.Feature(bytes_list =tf.train.BytesList(value=[input.tostring()]))来存储。

- 形状信息：不管哪种方式都会使数据丢失形状信息，所以在写入 feature 时应该额外加入 shape 信息作为额外 feature。shape 信息是 int 类型。

5.3.2 TFRecord 的创建

下面以 SequenceExample 为例介绍 TFRecord 的创建方法。

1. 创建单数字的 TFRecord 序列

（1）第一步：生成单数字的 feature。

首先创建含有单个数字的数据集，将其转化成 TensorFlow 能够接受的 int64 类型，代码如下：

```
seq = 1
features_seq = tf.train.Feature(int64_list=tf.train.Int64List(value=[seq]))
    #seq 加上方括号
```

此时的 features_seq 是转化成 int64 类型的数据 list，特别需要注意，此时的 seq 数据集就一个单数字，但是在传入时候需要加上括号。

（2）第二步：生成包含有单个字符的 featureList。

使用 featureList 将单个 feature 包装成一个新的包含有特征的 list，代码如下：

```
feature_lists=tf.train.FeatureLists(feature_list={'features_seq':tf.train.FeatureList(feature=[features_seq])})
```

（3）第三步：将做成的 featureList 放入生成的 TensorFlow 专用的 example 中：

```
example = tf.train.SequenceExample(feature_lists=feature_lists)
```

（4）第四部：将数据写入 tfrecord 格式：

```
seq_writer = tf.io.TFRecordWriter("seq.tfrecord")
seq_writer.write(example.SerializeToString())
```

全部代码如下：

【程序 5-11】

```
import tensorflow as tf
#创建单个数据集
seq = 1
#创建单个字符 feature
features_seq = tf.train.Feature(int64_list=tf.train.Int64List(value=[seq]))
#创建特征 list
feature_lists=tf.train.FeatureLists(feature_list={'features_seq':
tf.train.FeatureList(feature=[features_seq])})
#嵌套入 example 中
example = tf.train.SequenceExample(feature_lists=feature_lists)
```

```
seq_writer = tf.io.TFRecordWriter("seq.tfrecord")
seq_writer.write(example.SerializeToString())
```

2. 创建数字序列的 TFRecord 序列

关于 TFRecord 文件读取的方法，如果有读者急着想了解的话，可以直接跳到下一节阅读。这里，读者可以看到程序 5-13 是一个完整的创建单个数据集的例子，但是它创建的是一个单数字数据集。如果这里的序列 seq 不是单个数字而是一个序列，那么应该如何处理呢？

实现代码如下：

```
seq = [1,2,3,4,5,6,7,8,9,0]
features_seq = tf.train.Feature(int64_list=tf.train.Int64List(value=seq)) #seq
没有方括号
```

与上文同样，这里也是首先生成一个待输入数据的 feature，只需要注意，待输入数据在写入的时候没有方括号。整体代码如下：

【程序 5-12】

```
import tensorflow as tf
#创建单序列数据集
seq = [1,2,3,4,5,6,7,8,9,0]
#创建单个字符 feature
features_seq = tf.train.Feature(int64_list=tf.train.Int64List(value=seq))
#创建特征 list
feature_lists=tf.train.FeatureLists(feature_list={'features_seq':
tf.train.FeatureList(feature=[features_seq])})
#嵌套入 example 中
example = tf.train.SequenceExample(feature_lists=feature_lists)
seq_writer = tf.io.TFRecordWriter("seq.tfrecord")
seq_writer.write(example.SerializeToString())
```

程序 5-12 是写入了一个序列的例子，这里和前面的例子一样，在生成 feature_seq 的时候，没有使用方括号。

3. 串行的数字序列集的处理方法

上面说了 2 种生成数字序列集的方法，但是无论是一个数字还是一个数字序列的情形，在实际应用中并不是很多，更为常见的是一个序列集：

```
seq_list = [[1,2,3,4,5,6,7,8,9,0],[1,2,3]]
```

这里的 seq_list 包含了 2 个序列，分别是[1,2,3,4,5,6,7,8,9,0]和[1,2,3]，将其依次作为序列内容写入 TFRecord 数据中，代码如下：

【程序 5-13】

```
import tensorflow as tf
```

```
seq_list = [[1,2,3,4,5,6,7,8,9,0],[1,2,3]]
seq_writer = tf.io.TFRecordWriter("seq.tfrecord")

for seq in seq_list:
    #创建单个字符 feature
    features_seq = tf.train.Feature(int64_list=tf.train.Int64List(value=seq))
    #创建特征 list
    feature_lists=tf.train.FeatureLists(feature_list={'features_seq':
tf.train.FeatureList(feature=[features_seq])})
    #嵌套入 example 中
    example = tf.train.SequenceExample(feature_lists=feature_lists)
    seq_writer.write(example.SerializeToString())
```

方法非常简单，就是将 seq_list 中的数据依次读出，之后依次写入 TFRecord 数据集中。需要注意的是，代码中每个串行 seq 的值大小不必一样。

4. 并行的数字序列集的处理方法

串行的方法是将数字序列中的值依次写入 TFRecord 数据文件中，以形成串联形式的数据集。

但是对于真实的情况来说，有时间数据输入的 feature 包含有多个特征，即多个序列的关系，参见表 5.1。

表 5.1 多个序列的关系

Name	Feature_1	Feature_2
Name_1	[...]	[...]
Name_2	[...]	[...]

如果读者使用串行的方法将数据进行整合，这样完全可以，但是 Dataset 数据集为我们提供了专用的多特征输入方法。

回想一下最开始的设定，首先生成了单个序列的特征，之后将其组合进 FeatureList 中，在前面 FeatureList 只存有一个单个 feature，但是 FeatureList 可以组合多个 feature 进入，代码如下：

```
seq_1 = [1,2,3,4,5,6,7,8,9,0]
seq_2 = [0,9,8,7,6,5,4,3,2,1]

#创建多序列特征
features_seq_1 = tf.train.Feature(int64_list=tf.train.Int64List(value=seq_1))
features_seq_2 = tf.train.Feature(int64_list=tf.train.Int64List(value=seq_2))
feature_lists=tf.train.FeatureLists(feature_list={
'features_seq': tf.train.FeatureList(feature=[features_seq_1,features_seq_2])
                                    })
```

这里首先根据不同的 seq 生成 2 个对应的特征向量，之后通过其组合成 FeatureList 特征集合。

【程序 5-14】

```
seq_1 = [1,2,3,4,5,6,7,8,9,0]
seq_2 = [0,9,8,7,6,5,4,3,2,1]
#创建多序列特征
features_seq_1 = tf.train.Feature(int64_list=tf.train.Int64List(value=seq_1))
features_seq_2 = tf.train.Feature(int64_list=tf.train.Int64List(value=seq_2))
#创建特征list
feature_lists=tf.train.FeatureLists(feature_list={
'features_seq': tf.train.FeatureList(feature=[features_seq_1,features_seq_2])
                        })
#嵌套入 example 中
example = tf.train.SequenceExample(feature_lists=feature_lists)
seq_writer = tf.io.TFRecordWriter("seq.tfrecord")
seq_writer.write(example.SerializeToString())
```

用这种方式写入是可以的，但是还有一个问题，不同的 feature 被组合成一个 FeatureList 以写入数据，这些 feature 具有一个系列的名称，即均为以"features_seq"为名称的 value 值。

如果想要不同的 feature 具有不同的 feature 名称，那么可以使用的代码如下：

```
seq_1 = [1,2,3,4,5,6,7,8,9,0]
seq_2 = [0,9,8,7,6,5,4,3,2,1]
#创建多序列特征
features_seq_1 = tf.train.Feature(int64_list=tf.train.Int64List(value=seq_1))
features_seq_2 = tf.train.Feature(int64_list=tf.train.Int64List(value=seq_2))
#创建特征list
feature_lists=tf.train.FeatureLists(feature_list={
'features_seq_2': tf.train.FeatureList(feature=[features_seq_1]),
'features_seq_2': tf.train.FeatureList(feature=[features_seq_2])
                        })
```

这里的每个 feature 分别赋予了一个名称，之后使用 FeatureList 将其打包一起。

【程序 5-15】

```
import tensorflow as tf
seq_1 = [1,2,3,4,5,6,7,8,9,0]
seq_2 = [0,9,8,7,6,5,4,3,2,1]
#创建多序列特征
features_seq_1 = tf.train.Feature(int64_list=tf.train.Int64List(value=seq_1))
features_seq_2 = tf.train.Feature(int64_list=tf.train.Int64List(value=seq_2))
#创建特征list
feature_lists=tf.train.FeatureLists(feature_list={
'features_seq_2': tf.train.FeatureList(feature=[features_seq_1]),
```

```
'features_seq_2': tf.train.FeatureList(feature=[features_seq_2])
                                        })
#嵌套入 example 中
example = tf.train.SequenceExample(feature_lists=feature_lists)
seq_writer = tf.io.TFRecordWriter("seq.tfrecord")
seq_writer.write(example.SerializeToString())
```

除了上面的例子外,还有处理多特征多串联的数据集的要求,这个代码请读者自行完成。

5.3.3 TFRecord 的读取

如果读者把 TFRecord 创建的例子全部实现了一遍,就可以发现 TFRecord 的创建,实际上是不同的输出单元嵌套在一起,逐级实现数据的类型并建立对应通道,最终将数据写入。

图 5.13 所示很好地反映出 TFRecord 的处理办法。我们有一个简单的想法,如果在读取 TFRecord 的时候,同样使用这样嵌套的方法读取数据是否可行。

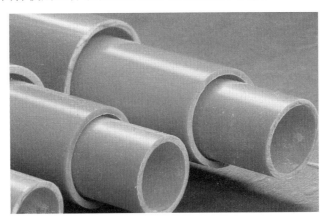

图 5.13 TFRecord 的处理办法

1. 单数据的读取

首先是数据集的生成,这里使用 2.2.2 节中串行的形式生成一个长度为 8 的序列。

```
seq_list = [[1, 2, 3], [1, 2], [1, 2, 3], [1, 2], [1, 2, 3], [1, 2], [1, 2, 3], [1, 2]]
```

之后使用 map 创建了一个逐个处理过的字符串,请注意,这里的逐个指的是大 seq_list 中的每个 seq 其中的每个数字。例如[1,2,3]中的数字 1、2、3,需要逐个对其进行处理。代码如下(这是固定写法,请建议读者牢记):

```
def generate_tfrecords(tfrecod_filename,seq_list):
    with tf.io.TFRecordWriter(tfrecod_filename) as f:
        for seq in seq_list:
            encoder_smiles_input_feature = list(map(lambda seq_input:
tf.train.Feature(int64_list=tf.train.Int64List(value=[seq_input])), seq))
            example = tf.train.SequenceExample(
```

```
                feature_lists=tf.train.FeatureLists(feature_list={
                    'seq_feature':
tf.train.FeatureList(feature=encoder_smiles_input_feature)
                })
            )
            f.write(example.SerializeToString())
```

对于数据的输出也是仿照逐层嵌套的方法对数据进行提取。对于输入数据的提取,最重要的函数是 tf.parse_single_sequence_example,需要用户自行实现这个方法。它含有 2 个参数 serialized 和 sequence_features,分别是数据的"地址"和 feature 的解析构造。代码如下(读者牢记下面的写法格式):

```
def single_example_parser(serialized_example):
    sequence_features = {
        "seq_feature": tf.data.FixedLengthRecordDataset([],
record_bytes=tf.int64)
    }
    _, sequence_parsed = tf.parse_single_sequence_example(
        serialized=serialized_example,
        sequence_features=sequence_features)
    seq = sequence_parsed['seq_feature']
return seq
```

还有一点需要提一下,FixedLenFeature 在处理特征时,会根据输入的 shape 来得到相应的输出 tensor 的 shape。

- 当输入 shape = []时,输出 tensor 的 shape=(batch_size,)。
- 当输入 shape=[k]时,输出 tensor 的 shape= (batch_size,k)。

整体代码如程序 5-16 所示。

【程序 5-16】

```
import tensorflow as tf

seq_list = [[1, 2, 3], [1, 2], [1, 2, 3], [1, 2], [1, 2, 3], [1, 2], [1, 2, 3],
[1, 2]]
def generate_tfrecords(tfrecod_filename,seq_list):
    with tf.io.TFRecordWriter(tfrecod_filename) as f:
        for seq in (seq_list):
            encoder_smiles_input_feature = list(map(lambda seq_input:
tf.train.Feature(int64_list=tf.train.Int64List(value=[seq_input])), seq))
            example = tf.train.SequenceExample(
                feature_lists=tf.train.FeatureLists(feature_list={
                    'seq_feature':
tf.train.FeatureList(feature=encoder_smiles_input_feature)
                })
            )
            f.write(example.SerializeToString())
```

```
def single_example_parser(serialized_example):
    sequence_features = {
        "seq_feature": tf.data.FixedLengthRecordDataset([],
record_bytes=tf.int64)
    }
    _, sequence_parsed = tf.parse_single_sequence_example(
        serialized=serialized_example,
        sequence_features=sequence_features)
    seq = sequence_parsed['seq_feature']
    return seq

tfrecord_filename = './seq_dataset.tfrecord'    #存储TFRecord数据的地址
generate_tfrecords(tfrecord_filename,seq_list) #生成TFRecord数据

def single_example_parser(serialized_example):
    sequence_features = {
        "seq_feature": tf.io.FixedLenSequenceFeature([], dtype=tf.int64)
    }
    _, sequence_parsed = tf.io.parse_single_sequence_example(
        serialized=serialized_example,
        sequence_features=sequence_features)
    seq = sequence_parsed['seq_feature']
    return seq
file_path_list  = tf.data.Dataset.list_files(["./seq_dataset.tfrecord"])
dataset = tf.data.TFRecordDataset(file_path_list)
dataset = dataset.map(lambda x: single_example_parser(x))

for line in dataset:
print(line)
```

结果打印如图 5.14 所示。

```
tf.Tensor([1 2 3], shape=(3,), dtype=int64)
tf.Tensor([1 2], shape=(2,), dtype=int64)
tf.Tensor([1 2 3], shape=(3,), dtype=int64)
tf.Tensor([1 2], shape=(2,), dtype=int64)
tf.Tensor([1 2 3], shape=(3,), dtype=int64)
tf.Tensor([1 2], shape=(2,), dtype=int64)
tf.Tensor([1 2 3], shape=(3,), dtype=int64)
tf.Tensor([1 2], shape=(2,), dtype=int64)
```

图 5.14 打印结果

在程序 5-16 中可以看到，TFRecordDataset 在将数据读取到内存之后，使用 map 函数根据设定的参数解析函数逐个对数据进行解析，此时的解析是对小序列中的数据进行解析，FixedLenSequenceFeature 函数就是完成这项工作的，其原理和写法在上文也做了介绍。一个 for 循环将数据读出，这点请读者参考第一节的介绍，这里就不再说明了。

2. 使用 batch 函数批量化读取数据

前面介绍了将 TFRecord 数据读出的方法，虽然数据读出是没有问题的，但是对于实际应

用来说，逐个逐条地读出数据会降低数据处理的效率。

Dataset API 中同样提供了批量化读取数据的方法 batch 函数。

```
dataset = dataset.batch(3)
```

使用方法将其加在一般的读取函数后即可：

```
dataset = tf.data.TFRecordDataset(tfrecord_filename).map(single_example
_parser).batch(3)
```

然而 batch 函数有一个问题，即要求输入为同样维度大小的数据集，而对于不定长的数据则无能为力。因此还有一种数据 batch 输出的方法是 padded_batch，即经过 padded 后的批量化数据输出方式。

```
def padded_batch(self,
            batch_size,
            padded_shapes,
            padding_values=None,
            drop_remainder=False):
```

这里几个说明的地方：

- batch_size：为每个 batch 的大小。
- padded_shapes：为需要 padded 的数据的大小。
- drop_remainder：如果数据量达不到 batch_size 时，用于标示是否对于最后一个 batch 保留还是抛弃。

padded_shapes 是需要讨论的重点。

- padded_shapes 指定了内部数据是如何 pad 的。
- rank 数要与元数据对应。
- rank 中的任何一维被设定成 None 或-1 时，都表示将 pad 到该 batch 下的最大长度。

这里有一个细节非常重要，读者一定要注意，padded_shapes 中有若干个方括号，其实际上是数据输出的维度。

例如，当数据为一个一维序列，则 padded_shapes =([None])，而当数据为一个二维序列时，输出结果为 padded_shapes =([None,None])。

那么一个问题又来了，当输出的特征值不是一个，而是两个一维的序列，则 padded_shapes =([None],[None])，这便是其输出的内容为并联的 2 个一维序列。那么非常简单的推导，如果输出为一个 2 个 2 维矩阵，那 padded_shapes =([None,None]，[None,None])。

再补充一下，当输出的特征是一个常数，则 padded_shapes = ([])，为一个空括号。这一点请读者自行验证。

3. 一个 TFRecord 读写文本序列和特征的例子

下面就以一个文本序列和特征读写的内容为例子，完整讲解 TFRecord 数据存储的方法。

(1) 第一步：数据集的创建

```
def generate_tfrecords(tfrecod_filename):
    sequences = [[1], [2, 2], [3, 3, 3], [4, 4, 4, 4], [5, 5, 5, 5, 5],
                [1], [2, 2], [3, 3, 3], [4, 4, 4, 4]]
    labels = [1, 2, 3, 4, 5, 6, 7, 8, 9]
    with tf.io.TFRecordWriter(tfrecod_filename) as f:
        for feature, label in zip(sequences, labels):
            frame_feature = list(map(lambda seq:
tf.train.Feature(int64_list=tf.train.Int64List(value=[seq])), feature))
            example = tf.train.SequenceExample(
                context=tf.train.Features(feature={
                    'label':
tf.train.Feature(int64_list=tf.train.Int64List(value=[label]))}),
                feature_lists=tf.train.FeatureLists(feature_list={
                    'sequence': tf.train.FeatureList(feature=frame_feature)
                })
            )
            f.write(example.SerializeToString())
```

这里需要注意，由于输入的是不定长序列，因此在进行特征处理的时候，要根据前面所说明的不定长处理的方式，对其进行标准化写入。

(2) 第二步：创建解析函数

这一步是创建解析函数，代码如下：

```
def single_example_parser(serialized_example):
    context_features = {
        "label": tf.io.FixedLenFeature([], dtype=tf.int64)
    }
    sequence_features = {
        "sequence": tf.io.FixedLenSequenceFeature([], dtype=tf.int64)
    }
    context_parsed, sequence_parsed = tf.parse_single_sequence_example(
        serialized=serialized_example,
        context_features=context_features,
        sequence_features=sequence_features
    )
    labels = context_parsed['label']
    sequences = sequence_parsed['sequence']
    return sequences, labels
```

这里根据生成数据时创建的数据特征，创建符合要求的解析函数。

(3) 第三步：创建读取函数

对于解析后的数据读取，我们采用生成数据读取函数的方式对数据进行标准化读取，代码如下：

```
def batched_data(tfrecord_filename, single_example_parser, batch_size,
padded_shapes, num_epochs=1, buffer_size=1000):
```

```
    dataset = tf.data.TFRecordDataset(tfrecord_filename) \
        .map(single_example_parser) \
        .padded_batch(batch_size, padded_shapes=padded_shapes) \
        .shuffle(buffer_size) \
        .repeat(num_epochs)
    return dataset.make_one_shot_iterator().get_next()
```

代码依次设定了读取方式、批量化设置、shuffle 和 repat 的数量,并且最终将数据以迭代器的形式返回。

【程序 5-17】

```
import tensorflow as tf
def generate_tfrecords(tfrecod_filename):
    sequences = [[1], [2, 2], [3, 3, 3], [4, 4, 4, 4], [5, 5, 5, 5, 5],
                 [1], [2, 2], [3, 3, 3], [4, 4, 4, 4]]
    labels = [1, 2, 3, 4, 5, 6, 7, 8, 9]
    with tf.io.TFRecordWriter(tfrecod_filename) as f:
        for feature, label in zip(sequences, labels):
            frame_feature = list(map(lambda seq: tf.train.Feature(int64_list=tf.train.Int64List(value=[seq])), feature))
            example = tf.train.SequenceExample(
                context=tf.train.Features(feature={
                    'label': tf.train.Feature(int64_list=tf.train.Int64List(value=[label]))}),
                feature_lists=tf.train.FeatureLists(feature_list={
                    'sequence': tf.train.FeatureList(feature=frame_feature)
                })
            )
            f.write(example.SerializeToString())
def single_example_parser(serialized_example):
    context_features = {
        "label": tf.io.FixedLenFeature([], dtype=tf.int64)
    }
    sequence_features = {
        "sequence": tf.io.FixedLenSequenceFeature([], dtype=tf.int64)
    }
    context_parsed, sequence_parsed = tf.io.parse_single_sequence_example(
        serialized=serialized_example,
        context_features=context_features,
        sequence_features=sequence_features
    )
    labels = context_parsed['label']
    sequences = sequence_parsed['sequence']
    return sequences, labels

def batched_data(tfrecord_filename, single_example_parser, batch_size,
```

```python
                 padded_shapes, num_epochs=1, buffer_size=1000):
    dataset = tf.data.TFRecordDataset(tfrecord_filename) \
        .map(single_example_parser) \
        .padded_batch(batch_size, padded_shapes=padded_shapes) \
        .shuffle(buffer_size) \
        .repeat(num_epochs)
    return dataset

if __name__ == "__main__":
    tfrecord_filename = 'test.tfrecord'
    generate_tfrecords(tfrecord_filename)
    dataset = batched_data(tfrecord_filename, single_example_parser, 2, ([None], []))
    for line in dataset:
        print(line)
        print("------------------")
```

如果读者完整了理解了上面所讲述的内容,那么这段代码看起来并不难,首先生成了 2 段序列,分别代表特征和特征值,之后构建单个数据的解析函数和读取方法,制定 padd 的批量数、维度以及次数,最后通过构建一个 for 循环将数据读取出来,结果如图 5.15 所示。

```
(<tf.Tensor: id=49, shape=(2, 3), dtype=int64, numpy=
array([[2, 2, 0],
       [3, 3, 3]], dtype=int64)>, <tf.Tensor: id=50, shape=(2,), dtype=int64, numpy=array([7, 8], dtype=int64)>)
------------------
(<tf.Tensor: id=53, shape=(1, 4), dtype=int64, numpy=array([[4, 4, 4, 4]], dtype=int64)>, <tf.Tensor: id=54, shape=(1,
------------------
(<tf.Tensor: id=57, shape=(2, 2), dtype=int64, numpy=
array([[1, 0],
       [2, 2]], dtype=int64)>, <tf.Tensor: id=58, shape=(2,), dtype=int64, numpy=array([1, 2], dtype=int64)>)
------------------
(<tf.Tensor: id=61, shape=(2, 5), dtype=int64, numpy=
array([[5, 5, 5, 5, 5],
       [1, 0, 0, 0, 0]], dtype=int64)>, <tf.Tensor: id=62, shape=(2,), dtype=int64, numpy=array([5, 6], dtype=int64)>)
------------------
(<tf.Tensor: id=65, shape=(2, 4), dtype=int64, numpy=
array([[3, 3, 3, 0],
       [4, 4, 4, 4]], dtype=int64)>, <tf.Tensor: id=66, shape=(2,), dtype=int64, numpy=array([3, 4], dtype=int64)>)
------------------
```

图 5.15 打印结果

5.4 TFRecord 实战——带有处理模型的完整例子

本节将以一个带简单模型计算的例子来演示 TFRecordAPI 使用的方法。同时会介绍一些使用 TFRecordAPI 需要注意的地方。

5.4.1 创建数据集

数据集的定义如下,label 作为每一行 feature 的均值来设定,见表 5.2 所示。

表 5.2 数据集

Feature	Label
[1,2,3,4,5,6,,7]	4.0
[1,2,3,4,5]	4.0
[2,2,3,4,5]	3.2
[9,7,8,6,3,1,5]	5.57
[4,5,6,7,9,1]	5.33
[2,3,4,8]	4.25
[7,3,2]	4

根据上表数据，我们创建了数据集，代码如下：

```
def generate_tfrecords(tfrecod_filename):
    sequences = [[1, 2, 3, 4, 5, 6, 7], [1, 2, 3, 4, 5, 6, 7], [2, 2, 3, 4, 5], [9, 7, 8, 6, 3, 1, 5], [4, 5, 6, 7, 9,1],
                                                                        [2, 3, 4, 8], [7, 3, 2]]
    labels = [int(round(np.mean(seq))) for seq in sequences]
    with tf.io.TFRecordWriter(tfrecod_filename) as f:
        for feature, label in zip(sequences, labels):
            frame_feature = list(map(lambda seq: tf.train.Feature(int64_list=tf.train.Int64List(value=[seq])), feature))
            example = tf.train.SequenceExample(
                context=tf.train.Features(feature={
                    'label': tf.train.Feature(int64_list=tf.train.Int64List(value=[label]))}),
                feature_lists=tf.train.FeatureLists(feature_list={
                    'sequence': tf.train.FeatureList(feature=frame_feature)
                })
            )
            f.write(example.SerializeToString())
```

上面代码根据表中 feature 和 label 创建了数据集。

5.4.2 创建解析函数

解析函数的创建依据生产的数据特征，代码如下：

```
def single_example_parser(serialized_example):
    context_features = {
        "label": tf.io.FixedLenFeature([], dtype=tf.int64)
    }
    sequence_features = {
        "sequence": tf.io.FixedLenSequenceFeature([], dtype=tf.int64)
    }
    context_parsed, sequence_parsed = tf.io.parse_single_sequence_example(
        serialized=serialized_example,
        context_features=context_features,
        sequence_features=sequence_features
    )
```

```
        labels = context_parsed['label']
        sequences = sequence_parsed['sequence']
    return sequences, labels
```

5.4.3 创建数据模型

模型的设计非常简单,即对数据进行均值化计算,代码如下:

```
infer = tf.reduce_mean(_features)
```

接下来创建读取函数。根据模型的设计,这里对读取函数也做了更改,删除 shuffle 和 batch 处理,代码如下:

```
def batched_data(tfrecord_filename, single_example_parser):
    dataset = tf.data.TFRecordDataset(tfrecord_filename) .map(single_example_parser) \
    return dataset
```

完整计算代码如程序 5-18 所示。

【程序 5-18】

```
import tensorflow as tf
import numpy as np
def generate_tfrecords(tfrecod_filename):
    sequences = [[1, 2, 3, 4, 5, 6, 7], [1, 2, 3, 4, 5, 6, 7], [2, 2, 3, 4, 5], [9, 7, 8, 6, 3, 1, 5], [4, 5, 6, 7, 9,1], [2, 3, 4, 8], [7, 3, 2]]
    labels = [int(round(np.mean(seq))) for seq in sequences]
    with tf.io.TFRecordWriter(tfrecod_filename) as f:
        for feature, label in zip(sequences, labels):
            frame_feature = list(map(lambda seq:
tf.train.Feature(int64_list=tf.train.Int64List(value=[seq])), feature))
            example = tf.train.SequenceExample(
                context=tf.train.Features(feature={
                    'label':
tf.train.Feature(int64_list=tf.train.Int64List(value=[label]))}),
                feature_lists=tf.train.FeatureLists(feature_list={
                    'sequence': tf.train.FeatureList(feature=frame_feature)
                })
            )
            f.write(example.SerializeToString())

def single_example_parser(serialized_example):
    context_features = {
        "label": tf.io.FixedLenFeature([], dtype=tf.int64)
    }
    sequence_features = {
        "sequence": tf.io.FixedLenSequenceFeature([], dtype=tf.int64)
```

```python
    )
    context_parsed, sequence_parsed = tf.io.parse_single_sequence_example(
        serialized=serialized_example,
        context_features=context_features,
        sequence_features=sequence_features
    )
    labels = context_parsed['label']
    sequences = sequence_parsed['sequence']
    return sequences, labels

def batched_data(tfrecord_filename, single_example_parser):
    dataset = tf.data.TFRecordDataset(tfrecord_filename) \
        .map(single_example_parser) \
    return dataset
tfrecord_filename = 'test.tfrecord'
generate_tfrecords(tfrecord_filename)
dataset = batched_data(tfrecord_filename, single_example_parser)
def model(input_tensor):
    return tf.reduce_mean(input_tensor)

for sequence,label in dataset:
    infer = model(sequence)
print(infer," ",label)
```

计算结果如图 5.16 所示。

```
tf.Tensor(4, shape=(), dtype=int64)    tf.Tensor(4, shape=(), dtype=int64)
tf.Tensor(4, shape=(), dtype=int64)    tf.Tensor(4, shape=(), dtype=int64)
tf.Tensor(3, shape=(), dtype=int64)    tf.Tensor(3, shape=(), dtype=int64)
tf.Tensor(5, shape=(), dtype=int64)    tf.Tensor(6, shape=(), dtype=int64)
tf.Tensor(5, shape=(), dtype=int64)    tf.Tensor(5, shape=(), dtype=int64)
tf.Tensor(4, shape=(), dtype=int64)    tf.Tensor(4, shape=(), dtype=int64)
tf.Tensor(4, shape=(), dtype=int64)    tf.Tensor(4, shape=(), dtype=int64)
```

图 5.16　打印结果

5.4　本章小结

本章的内容非常重要，TFRecord 是 TensorFlow 2.0 数据处理的基础，本章介绍了 TFRecord 一些最基本和最常用的方法，对框架的总体计算帮助很大。

除了一些最基本和最常用的方法外，TFRecord 还有一些不常用的方法，例如 generator 等更为细节化的操作，这一点请读者在后续的学习过程中继续整理和发掘，这里就不再多做重复。

Dateset API 是 TensorFlow 引入的一个中层 API，它对底层的多线程和预读取做了一个封装，可以将原本的底层函数方法做了一个简单的实现，降低了程序编写的难度。

第 6 章
从冠军开始：ResNet

随着 VGG 网络模型的成功，更深更宽更复杂的网络似乎成为了卷积神经网络搭建的主流。卷积神经网络能够用来提取所侦测对象的低、中、高的特征，网络的层数越多，意味着能够提取到不同 level 的特征越丰富。并且通过还原镜像发现，越深的网络提取的特征越抽象，越具有语义信息。

这也产生了一个非常大的疑问，是否可以单纯地通过增加神经网络模型的深度和宽度，即增加更多的隐藏层和每个层之中的神经元去获得更好的结果？

答案是不可能。因为根据实验发现，随着卷积神经网络层数的加深，出现了另外一个问题，即在训练集上，准确率却难以达到 100%正确，甚至于产生了下降。

这似乎不能简单地解释为卷积神经网络的性能下降，因为卷积神经网络加深的基础理论就是越深越好。如果强行解释为产生了"过拟合"，似乎也不能够解释准确率下降的问题，因为如果产生了过拟合，那么在训练集上卷积神经网络应该表现得更好才对。

这个问题被称为"神经网络退化"。

神经网络退化问题的产生说明了卷积神经网络不能够被简单地使用堆积层数的方法进行优化！

2015 年，152 层深的 ResNet 横空出世，取得当年 ImageNet 竞赛冠军，相关论文在 CVPR 2016 斩获最佳论文奖。ResNet 成为视觉乃至整个 AI 界的一个经典。ResNet 使得训练深达数百甚至数千层的网络成为可能，而且性能仍然优异。

本章将主要介绍 ResNet 以及其变种。后面章节介绍的 Attention 模块也是基于 ResNet 模型的扩展，因此本章内容非常重要。本章还会引入一个新的模块 TensorFlow-layers，这是为了简化。

让我们站在巨人的肩膀上，从冠军开始！

提 示
ResNet 非常简单。

6.1 ResNet 基础原理与程序设计基础

ResNet 的出现彻底改变了 VGG 系列所带来的固定思维，破天荒地提出了采用模块化的思维来替代整体的卷积层，通过一个个模块的堆叠来替代不断增加的卷积层。对 ResNet 的研究和不断改进就成为过去几年中计算机视觉和深度学习领域最具突破性的工作。并且由于其表征能力强，ResNet 在图像分类任务以外的许多计算机视觉应用上也取得了巨大的性能提升，例如对象检测和人脸识别。

6.1.1 ResNet 诞生的背景

卷积神经网络的实质就是无限拟合一个符合对应目标的函数。而根据泛逼近定理（universal approximation theorem），如果给定足够的容量，一个单层的前馈网络就足以表示任何函数。但是，这个层可能是非常大的，而且网络容易过拟合数据。因此，学术界有一个共同的认识，就是网络架构需要更深。

但是，研究发现只是简单地将层堆叠在一起，增加网络的深度并不会起太大的作用。这是由于难搞的梯度消失（vanishing gradient）问题，深层的网络很难训练。因为梯度反向传播到前一层，重复相乘可能使梯度无穷小。结果就是随着网络的层数更深，其性能趋于饱和，甚至开始迅速下降，如图 6.1 所示。

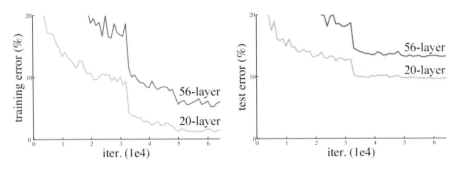

图 6.1 随着网络的层数更深，其性能趋于饱和，甚至开始迅速下降

在 ResNet 之前，已经出现好几种处理梯度消失问题的方法，但是没有一个方法能够真正解决这个问题。何恺明等人于 2015 年发表的论文《用于图像识别的深度残差学习》（Deep Residual Learning for Image Recognition）中，认为堆叠的层不应该降低网络的性能，可以简单地在当前网络上堆叠映射层（不处理任何事情的层），并且所得到的架构性能不变。

$$f'(x) = \begin{cases} x \\ f(x) + x \end{cases}$$

即当 $f(x)$ 为 0 时，$f'(x)$ 等于 x，而当 $f(x)$ 不为 0，所获得的 $f'(x)$ 性能要优于单纯地输入 x。公式表明，较深的模型所产生的训练误差不应比较浅的模型的误差更高。假设让堆叠的层拟合一个残差映射（residual mapping）要比让它们直接拟合所需的底层映射更容易。

从图 6.2 可以看到，残差映射与传统的直接相连的卷积网络相比，最大的变化是加入了一个恒等映射层 $y = x$ 层。其主要作用是使得网络随着深度的增加而不会产生权重衰减、梯度衰减或者消失这些问题。

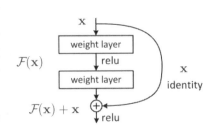

图 6.2 残差框架模块

图中 F(x)表示的是残差，F(x) + x 是最终的映射输出，因此可以得到网络的最终输出为 H(x) = F(x) + x。由于网络框架中有 2 个卷积层和 2 个 relu 函数，因此最终的输出结果可以表示为：

$$H_1(x) = relu_1(w_1 \times x)$$
$$H_2(x) = relu_2(w_2 \times h_1(x))$$
$$H(x) = H_2(x) + x$$

其中 H_1 是第一层的输出，而 H_2 是第二层的输出。这样在输入与输出有相同维度时，可以使用直接输入的形式将数据直接传递到框架的输出层。

ResNet 整体结构图及与 VGGNet 的比较如图 6.3 所示。

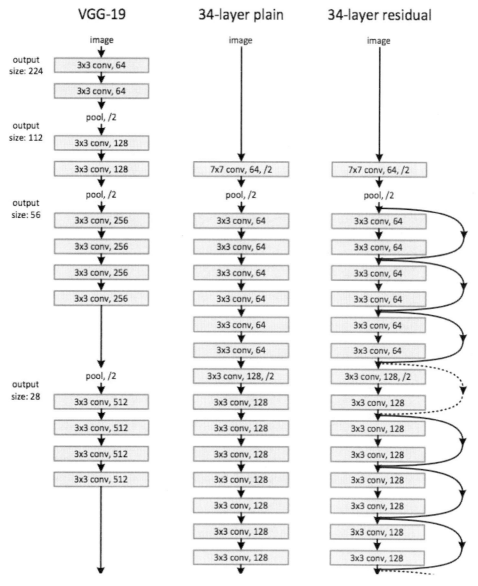

图 6.3　ResNet 模型结构及比较

图 6.3 展示了 VGGNet19 以及一个 34 层的普通结构神经网络以及和一个 34 层的 ResNet 网络的对比图。通过验证可以知道，在使用了 ResNet 的结构后，可以发现层数不断加深导致的训练集上误差增大的现象被消除了，ResNet 网络的训练误差会随着层数增大而逐渐减小，并且在测试集上的表现也会变好。

但是，除了用以讲解的二层残差学习单元，实际上更多的是使用[1,1]结构的三层残差学习单元，如图 6.4 所示。

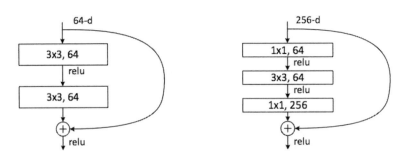

图 6.4　二层（左）以及三层（右）残差单元的比较

这是借鉴了 NIN 模型的思想，在二层残差单元中包含 1 个[3,3]卷积层的基础上，更包含了 2 个[1,1]大小的卷积，放在[3,3]卷积层的前后，执行先降维再升维的操作。

无论采用哪种连接方式，ResNet 的核心是引入一个"身份捷径连接"（identity shortcut connection），直接跳过一层或多层将输入层与输出层进行了连接。实际上，ResNet 并不是第一个利用 shortcut connection 的方法，较早期有相关研究人员就在卷积神经网络中引入了"门控短路电路"，即参数化的门控系统允许何种信息通过网络通道，如图 6.5 所示。

但是并不是所有的加入了"shortcut"的卷积神经网络都会提高传输效果。在后续的研究中，有不少研究人员对残差块进行了改进，但是很遗憾并不能获得性能上的提高。

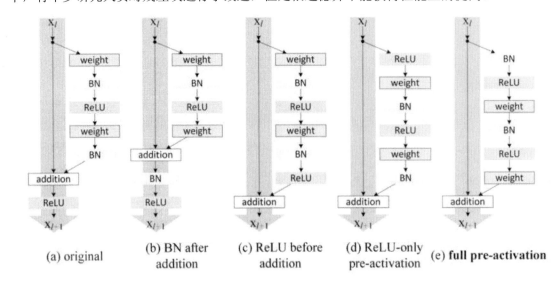

图 6.5　门控短路电路

注意：目前图 6.5 中(a)图性能最好。

6.1.2 模块工具的 TensorFlow 实现——不要重复造轮子

我们现在都迫不可待地想要自定义自己的残差网络。工欲善其事，必先利其器。在构建自己的残差网络之前，需要准备好相关的程序设计工具。这里的工具是指那些已经设计好结构、直接可以使用的代码。

首先最重要的卷积核的创建方法。从模型上看，需要更改的内容很少，即卷积核的大小、输出通道数以及所定义的卷积层的名称，代码如下：

```
tf.keras.layers.Conv2D
```

这里直接调用了 TensorFlow 2.0 中对卷积层的实现，只需要输入对应的卷积核数目、卷积核大小以及补全方式即可。

此外，还有一个非常重要的方法是获取数据的 BatchNormalization，这是使用批量正则化对数据进行处理，代码如下：

```
tf.keras.layers.BatchNormalization
```

其他的还有最大池化层，代码如下：

```
tf.keras.layers.MaxPool2D
```

平均池化层，代码如下：

```
tf.keras.layers.AveragePooling2D
```

这些是在模型单元中所需要使用的基本工具，有了这些工具，就可以直接构建 ResNet 模型单元了。

6.1.3 TensorFlow 高级模块 layers 用法简介

上一小节中，我们使用自定义的方法实现了 ResNet 模型的功能单元，这能够极大地帮助我们完成搭建神经网络的工作，而且除了搭建 ResNet 网络模型，基本结构的模块化编写还包括其他神经网络的搭建。

TensorFlow 2.0 同样提供了原生的、可供直接使用的卷积神经网络模块 layers。它是用于深度学习的更高层次封装的 API，程序设计者可以利用它轻松地构建模型。

表 6.1 展示了 layers 封装好的多种卷积神经网络 API，上一节中自定义的 conv2d 和 BatchNormalization 都有自定义好的模块，以及多种池化层。表中这些层也是常用的层。

表 6.1　多种卷积神经网络 API

input(…)	用于实例化一个输入 Tensor,作为神经网络的输入
average_pooling1d(…)	一维平均池化层
average_pooling2d(…)	二维平均池化层
average_pooling3d(…)	三维平均池化层
batch_normalization(…)	批量标准化层
conv1d(…)	一维卷积层
conv2d(…)	二维卷积层
conv2d_transpose(…)	二维反卷积层
conv3d(…)	三维卷积层
conv3d_transpose(…)	三维反卷积层
dense(…)	全连接层
dropout(…)	Dropout 层
flatten(…)	Flatten 层,即把一个 Tensor 展平
max_pooling1d(…)	一维最大池化层
max_pooling2d(…)	二维最大池化层
max_pooling3d(…)	三维最大池化层
separable_conv2d(…)	二维深度可分离卷积层

1. convolution 简介

实际上 Layers 中提供了多个卷积的实现方法,例如 conv1d()、conv2d()、conv3d(),分别代表一维、二维、三维卷积,另外还有 conv2d_transpose()、conv3d_transpose(),分别代表二维和三维反卷积,还有 separable_conv2d() 方法代表二维深度可分离卷积。在这里以 conv2d() 方法为例进行说明。

```
def __init__(self,
filters,
kernel_size,
strides=(1, 1),
padding='valid',
data_format=None,
dilation_rate=(1, 1),
activation=None,
use_bias=True,
kernel_initializer='glorot_uniform',
bias_initializer='zeros',
kernel_regularizer=None,
bias_regularizer=None,
activity_regularizer=None,
kernel_constraint=None,
bias_constraint=None,
**kwargs):
```

参数说明如下：

- filters：必须，是一个数字，代表了输出通道的个数，即 output_channels。
- kernel_size：必须，卷积核大小，必须是一个数字（高和宽都是此数字）或者长度为 2 的列表（分别代表高、宽）。
- strides：可选，默认为(1,1)，卷积步长，必须是一个数字（高和宽都是此数字）或者长度为 2 的列表（分别代表高、宽）。
- padding：可选，默认为 valid，padding 的模式，有 valid 和 same 两种，大小写不区分。
- data_format：可选，默认 channels_last，分为 channels_last 和 channels_first 两种模式，代表了输入数据的维度类型。如果是 channels_last，那么输入数据的 shape 为 (batch,height,width,channels)。如果是 channels_first，那么输入数据的 shape 为 (batch,channels,height,width)。
- dilation_rate：可选，默认为(1,1)，卷积的扩张率。如当扩张率为 2 时，卷积核内部就会有边距，3×3 的卷积核就会变成 5×5。
- activation：可选，默认为 None。若为 None，则是线性激活。
- use_bias：可选，默认为 True，是否使用偏置。
- kernel_initializer：可选，默认为 None，即权重的初始化方法。若为 None，则使用默认的 Xavier 初始化方法。
- bias_initializer：可选，默认为零值初始化，即偏置的初始化方法。
- kernel_regularizer：可选，默认为 None，施加在权重上的正则项。
- bias_regularizer：可选，默认为 None，施加在偏置上的正则项。
- activity_regularizer：可选，默认为 None，施加在输出上的正则项。
- kernel_constraint：可选，默认为 None，施加在权重上的约束项。
- bias_constraint：可选，默认为 None，施加在偏置上的约束项。
- trainable：可选，默认为 True，布尔类型。若为 True，则将变量添加到 GraphKeys.TRAINABLE_VARIABLES 中。
- name：可选，默认为 None，卷积层的名称。
- reuse：可选，默认为 None，布尔类型，若为 True，则在 name 相同时，会重复利用。
- 返回值：卷积后的 Tensor。

使用方法与自定义的卷积层方法类似，这里我们通过一个小例子予以说明。

【程序 6-1】

```
import tensorflow as tf
#自定义输入数据
xs = tf.random.truncated_normal(shape=[50, 32, 32, 32])
#使用二维卷积进行计算
out = tf.keras.layers.Conv2D(64,3,padding="SAME")(xs)
print(out.shape)
```

例子中首先定义了一个[50, 32, 32, 32]的输入数据，之后传给 conv2d 函数，filter 是输出的维度，设置成 32。选择的卷积核大小为 3×3，strides 为步进距离，这里采用 1 个步进距离，也就是采用默认的步进设置。padding 为补全设置，这里设置为根据卷积核大小对输入值进行补全。输入结果如下：

$$(50, 32, 32, 64)$$

此时如果将 strides 设置成[2,2]，结果如下：

$$(50, 16, 16, 64)$$

当然此时的 padding 也可以变化，读者可以将其设置成"VALID"看看结果如何。

顺便说一句，TensorFlow 中如果 padding 被设置成"SAME"，其实是先对输入数据进行补全之后再进行卷积计算。

此外，还可以传入激活函数或者，设定 kernel 的格式化方式，或禁用 bias 等操作，这些操作请读者自行尝试。

```
out = tf.keras.layers.Conv2D(64,3,strides=[2,2],padding="SAME",activation=
tf.nn.relu)(xs)
```

2. batch_normalization 简介

batch_normalization 是目前最常用的数据标准化方法，也是批量标准化方法。输入数据经过处理之后能够显著加速训练速度并且减少过拟合出现的可能性。

```
def __init__(self,
axis=-1,
momentum=0.99,
epsilon=1e-3,
center=True,
scale=True,
beta_initializer='zeros',
gamma_initializer='ones',
moving_mean_initializer='zeros',
moving_variance_initializer='ones',
beta_regularizer=None,
gamma_regularizer=None,
beta_constraint=None,
gamma_constraint=None,
renorm=False,
renorm_clipping=None,
renorm_momentum=0.99,
fused=None,
trainable=True,
virtual_batch_size=None,
adjustment=None,
```

```
name=None,
**kwargs):
```

参数说明如下:

- axis: 可选,默认-1,即进行标注化操作时操作数据的哪个维度。
- momentum: 可选,默认 0.99,即动态均值的动量。
- epsilon: 可选,默认 0.01,大于 0 的小浮点数,用于防止除 0 错误。
- center: 可选,默认 True,若设为 True,则会将 beta 作为偏置加上去,否则忽略参数 beta。
- scale: 可选,默认 True,若设为 True,则会乘以 gamma,否则不使用 gamma;当下一层是线性的时,可以设 False,因为 scaling 的操作将被下一层执行。
- beta_initializer: 可选,默认 zeros_initializer,即 beta 权重的初始方法。
- gamma_initializer: 可选,默认 ones_initializer,即 gamma 的初始化方法。
- moving_mean_initializer: 可选,默认 zeros_initializer,即动态均值的初始化方法。
- moving_variance_initializer: 可选,默认 ones_initializer,即动态方差的初始化方法。
- beta_regularizer: 可选,默认 None,beta 的正则化方法。
- gamma_regularizer: 可选,默认 None,gamma 的正则化方法。
- beta_constraint: 可选,默认 None,加在 beta 上的约束项。
- gamma_constraint: 可选,默认 None,加在 gamma 上的约束项。
- training: 可选,默认 False,返回结果是 training 模式。
- trainable:可选,默认为 True,布尔类型。若为 True,则将变量添加到 GraphKeys.TRAINABLE_VARIABLES 中。
- name: 可选,默认 None,层名称。
- fused: 可选,默认 None,根据层名判断是否重复利用。
- renorm: 可选,默认 False,是否要用 BatchRenormalization。
- renorm_clipping: 可选,默认 None,是否要用 rmax、rmin、dmax 来 scalarTensor。
- renorm_momentum: 可选,默认 0.99,用来更新动态均值和标准差的 Momentum 值。
- fused: 可选,默认 None,是否使用一个更快的、融合的实现方法。
- virtual_batch_size: 可选,默认 None,是一个 int 数字,指定一个虚拟 batchsize。
- adjustment: 可选,默认 None,对标准化后的结果进行适当调整的方法。

其用法也很简单,直接在 tf.layers.batch_normalization 函数中输入 xs 即可。代码如下:

【程序 6-2】

```
import tensorflow as tf
#自定义输入数据
xs = tf.random.truncated_normal(shape=[50, 32, 32, 32])
out = tf.keras.layers.BatchNormalization()(xs)
print(out.shape)
```

输出结果如下:

(50, 32, 32, 32)

3. dense 简介

dense 是全连接层,layers 中提供了一个专门的函数来实现此操作,即 tf.layers.dense,其结构如下:

```
def __init__(self,
units,
activation=None,
use_bias=True,
kernel_initializer='glorot_uniform',
bias_initializer='zeros',
kernel_regularizer=None,
bias_regularizer=None,
activity_regularizer=None,
kernel_constraint=None,
bias_constraint=None,
**kwargs):
```

参数说明如下:

- units: 必须,即神经元的数量。
- activation: 可选,默认为 None。若为 None,则是线性激活。
- use_bias: 可选,默认为 True,是否使用偏置。
- kernel_initializer: 可选,默认为 None,即权重的初始化方法。
- bias_initializer: 可选,默认为零值初始化,即偏置的初始化方法。
- kernel_regularizer: 可选,默认为 None,施加在权重上的正则项。
- bias_regularizer: 可选,默认为 None,施加在偏置上的正则项。
- activity_regularizer: 可选,默认为 None,施加在输出上的正则项。
- kernel_constraint: 可选,默认为 None,施加在权重上的约束项。
- bias_constraint: 可选,默认为 None,施加在偏置上的约束项。

【程序 6-3】

```
import tensorflow as tf
import tensorflow as tf
#自定义输入数据
xs = tf.random.truncated_normal(shape=[50, 32, 32, 32])
out_1 = tf.keras.layers.Dense(32)(xs)
print(out.shape)
```

xs 即为输入数据,units 为输出层次,结果如下:

(50, 32, 32, 32)

这里指定了输出层的维度为 32,因此输出结果为[50,32,32,32],可以看到输出结果的最后一个维度就等于神经元的个数。

此外，还可以仿照卷积层的设置对激活函数以及初始化的方式进行定义：

```
dense = tf.layers.dense(xs,units=10,activation=tf.nn.sigmoid,use_bias=False)
```

4. pooling 简介

pooling 即池化。layers 模块提供了多个池化方法，这几个池化方法都是类似的，包括 max_pooling1d()、max_pooling2d()、max_pooling3d()、average_pooling1d()、average_pooling2d()、average_pooling3d()，分别代表一维、二维、三维、最大和平均池化方法，这里以常用的 avg_pooling2d 为例进行讲解。

```
def __init__(self,
pool_size=(2, 2),
strides=None,
padding='valid',
data_format=None,
**kwargs):
```

参数说明如下：

- pool_size：必须，池化窗口大小，必须是一个数字（高和宽都是此数字）或者长度为 2 的列表（分别代表高、宽）。
- strides：必须，池化步长，必须是一个数字（高和宽都是此数字）或者长度为 2 的列表（分别代表高、宽）。
- padding：可选，默认 valid，padding 的方法，valid 或者 same，大小写不区分。
- data_format：可选，默认 channels_last，分为 channels_last 和 channels_first 两种模式，代表了输入数据的维度类型。如果是 channels_last，那么输入数据的 shape 为 (batch,height,width,channels)。如果是 channels_first，那么输入数据的 shape 为 (batch,channels,height,width)。
- name：可选，默认 None，池化层的名称。
- 返回值：经过池化处理后的 Tensor。

【程序 6-4】

```
import tensorflow as tf
#自定义输入数据
xs = tf.random.truncated_normal(shape=[50, 32, 32, 32])
out = tf.keras.layers.AveragePooling2D(strides=[1,1])(xs)
print(out.shape)
```

这里对输入值设置了以[2,2]为大小的均值核，步进为[1,1]。补全方式为"SAME"，即通过补 0 的方式对输入数据进行补全。结果如下：

(50, 31, 31, 32)

5. layers 模块应用实例

下面使用一个例子来对数据进行说明。

【程序 6-5】

```python
import tensorflow as tf
#自定义输入数据
xs = tf.random.truncated_normal(shape=[50, 32, 32, 32])
out = tf.keras.layers.MaxPool2D(strides=[1,1])(xs)
out = tf.keras.layers.Conv2D(filters=32,kernel_size = [2,2],padding="SAME")(out)
out = tf.keras.layers.BatchNormalization()(xs)
out = tf.keras.layers.Flatten()(out)
logits = tf.keras.layers.Dense(10)(out)
print(logits.shape)
```

程序首先创建了一个[50,32,32,32]维度的数据值，先对其进行最大池化，之后进行 strides 为[2,2]的卷积，采用的激活函数为 relu，之后进行 batch_normalization 批正则化，flatten 对输入的数据进行平整化，输出为一个与 batch 相符合的二维向量，最后进行全连接计算输出最后的维度。

$$(50, 10)$$

此外，如果将所有模块全部存放在一个 Mode 中也是可以的，代码如下：

【程序 6-6】

```python
import tensorflow as tf
#自定义输入数据
xs = tf.keras.Input( [32, 32, 32])
out = tf.keras.layers.MaxPool2D(strides=[1,1])(xs)
out = tf.keras.layers.Conv2D(filters=32,kernel_size = [2,2],padding="SAME")(xs)
out = tf.keras.layers.BatchNormalization()(xs)
out = tf.keras.layers.Add()([out,xs])
out = tf.keras.layers.Flatten()(out)
logits = tf.keras.layers.Dense(10)(out)
model = tf.keras.Model(inputs=xs, outputs=logits)
print(model.summary())
```

最终打印的模型构造如图 6.6 所示。

```
Model: "model"
_____
Layer (type)                    Output Shape         Param #     Connected to
==================================================================================
input_1 (InputLayer)            [(None, 32, 32, 32)] 0
_____
batch_normalization (BatchNorma (None, 32, 32, 32)   128         input_1[0][0]
_____
add (Add)                       (None, 32, 32, 32)   0           batch_normalization[0][0]
                                                                 input_1[0][0]
_____
flatten (Flatten)               (None, 32768)        0           add[0][0]
_____
dense (Dense)                   (None, 10)           327690      flatten[0][0]
==================================================================================
Total params: 327,818
Trainable params: 327,754
Non-trainable params: 64
```

图 6.6　打印结果

可以看到，程序构建了一个小型残差网络，与前面打印出的模型结构不同的是，这里是多个类与层的串联，因此还标注出连接点。

6.2 ResNet 实战 CIFAR-100 数据集分类

本节将使用 ResNet 实现 CIFAR-100 数据集的分类。

6.2.1 CIFAR-100 数据集简介

CIFAR-100 数据集共有 60000 张彩色图像，如图 6.7 所示，这些图像是 32*32，分为 100 个类，每类 6000 张图。这里面有 50000 张用于训练，构成了 5 个训练批，每一批 10000 张图；另外 10000 用于测试，单独构成一批。测试批的数据里，取自 100 类中的每一类，每一类随机取 1000 张。抽剩下的就随机排列组成了训练批。注意，一个训练批中的各类图像的数量并不一定相同，总的来看训练批，每一类都有 5000 张图。

图 6.7　CIFAR-100 数据集

CIFAR-100 数据集下载地址：

http://www.cs.toronto.edu/~kriz/cifar.html

进入下载页面后，选择下载方式，如图 6.8 所示。

Version	Size	md5sum
CIFAR-100 python version	161 MB	eb9058c3a382ffc7106e4002c42a8d85
CIFAR-100 Matlab version	175 MB	6a4bfa1dcd5c9453dda6bb54194911f4
CIFAR-100 binary version (suitable for C programs)	161 MB	03b5dce01913d631647c71ecec9e9cb8

图 6.8 下载的方式

由于 TensorFlow 采用的是 Python 语言编程，因此选择 python version 的版本下载。下载之后解压缩，得到如图 6.9 所示的几个文件。

batches.meta	2009/3/31/周二…	META 文件	1 KB
data_batch_1	2009/3/31/周二…	文件	30,309 KB
data_batch_2	2009/3/31/周二…	文件	30,308 KB
data_batch_3	2009/3/31/周二…	文件	30,309 KB
data_batch_4	2009/3/31/周二…	文件	30,309 KB
data_batch_5	2009/3/31/周二…	文件	30,309 KB
readme.html	2009/6/5/周五 4:…	Firefox HTML D…	1 KB
test_batch	2009/3/31/周二…	文件	30,309 KB

图 6.9 得到的文件

data_batch_1 ~ data_batch_5 是划分好的训练数据，每个文件里包含 10000 张图片。test_batch 是测试集数据，也包含 10000 张图片。

读取数据的代码段如下：

```
import pickle
def load_file(filename):
    with open(filename, 'rb') as fo:
        data = pickle.load(fo, encoding='latin1')
    return data
```

首先定义读取数据的函数，这几个文件都是通过 pickle 产生的，所以在读取的时候也要用到这个包。返回的 data 是一个字典，先看看这个字典里面有哪些键吧：

```
data = load_file('data_batch_1')
print(data.keys())
```

输出结果如下：

```
dict_keys(['batch_label', 'labels', 'data', 'filenames'])
```

具体说明如下：

- batch_label：对应的值是一个字符串，用来表明当前文件的一些基本信息。
- labels：对应的值是一个长度为 10000 的列表，每个数字取值范围 0~9，代表当前图片所属类别。
- data：10000 * 3072 的二维数组，每一行代表一张图片的像素值。

- 长度为 10000 的列表，里面每一项是代表图片文件名的字符串。

完整的数据读取函数如下：

【程序 6-7】

```
import pickle
import  numpy as np
import os
def get_cifar100_train_data_and_label(root = ""):
    def load_file(filename):
        with open(filename, 'rb') as fo:
            data = pickle.load(fo, encoding='latin1')
        return data
    data_batch_1 = load_file(os.path.join(root, 'data_batch_1'))
    data_batch_2 = load_file(os.path.join(root, 'data_batch_2'))
    data_batch_3 = load_file(os.path.join(root, 'data_batch_3'))
    data_batch_4 = load_file(os.path.join(root, 'data_batch_4'))
    data_batch_5 = load_file(os.path.join(root, 'data_batch_5'))
    dataset = []
    labelset = []
    for data in [data_batch_1,data_batch_2,data_batch_3,data_batch_4,data_batch_5]:
        img_data = (data["data"])
        img_label = (data["labels"])
        dataset.append(img_data)
        labelset.append(img_label)
    dataset = np.concatenate(dataset)
    labelset = np.concatenate(labelset)
    return dataset,labelset
def get_cifar100_test_data_and_label(root = ""):
    def load_file(filename):
        with open(filename, 'rb') as fo:
            data = pickle.load(fo, encoding='latin1')
        return data
    data_batch_1 = load_file(os.path.join(root, 'test_batch'))
    dataset = []
    labelset = []
    for data in [data_batch_1]:
        img_data = (data["data"])
        img_label = (data["labels"])
        dataset.append(img_data)
        labelset.append(img_label)
    dataset = np.concatenate(dataset)
```

```
    labelset = np.concatenate(labelset)
    return dataset,labelset

def get_CIFAR100_dataset(root = ""):
    train_dataset,label_dataset = get_cifar10_train_data_and_label(root=root)
    test_dataset,test_label_dataset = get_cifar10_test_data_and_label(root=root)
    return train_dataset,label_dataset,test_dataset,test_label_dataset
if __name__ == "__main__":
get_CIFAR100_dataset(root="../cifar-10-batches-py/")
```

其中的 root 函数是下载数据解压后的根目录,os.join 函数将其组合成数据文件的位置。最终返回训练文件和测试文件及它们对应的 label。

6.2.2 ResNet 残差模块的实现

ResNet 网络结构已经在上文做了介绍,它突破性地使用"模块化"思维去对网络进行叠加,从而实现了数据在模块内部特征的传递不会产生丢失。

从图 6.10 可以看到,模块的内部实际上是 3 个卷积通道相互叠加,形成了一种瓶颈设计。对于每个残差模块,使用 3 层卷积。这三层分别是 1×1、3×3 和 1×1 的卷积层,其中 1×1 层负责先减少后增加(恢复)尺寸的,使 3×3 层具有较小的输入/输出尺寸瓶颈。

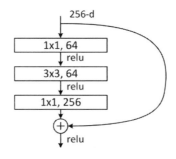

图 6.10 模块的内部

实现的瓶颈三层卷积结构的代码段如下:

```
conv = tf.keras.layers.Conv2D(out_dim/4,kernel_size=1,padding="SAME",
activation=tf.nn.relu)(input_xs)
conv = tf.keras.layers.BatchNormalization()(conv)
conv = tf.keras.layers.Conv2D(out_dim/4,kernel_size=3,padding="SAME",
activation=tf.nn.relu)(conv)
conv = tf.keras.layers.BatchNormalization()(conv)
conv = tf.keras.layers.Conv2D(out_dim,kernel_size=1,padding="SAME",
activation=tf.nn.relu)(conv)
```

代码中输入的数据首先经过 conv2d 卷积层计算,输出的维度为四分之一的输出维度,这是为了降低输入数据的整个数据量,为进行下一层的[3,3]的计算打下基础。可以人为地为每层添加一个对应的名称,但是基于前文对模型的分析,TensorFlow 2.0 会自动为每个层中的参数分配一个递增的名称,因此这个工作可以交给 TensorFlow 2.0 完成。batch_normalization 和 relu 分别为批处理层和激活层。

在数据传递的过程中,ResNet 模块使用了名为"shortcut"的"信息高速公路",shortcut 连接相当于简单执行了同等映射,不会产生额外的参数,也不会增加计算复杂度,如图 6.11 所示。而且,整个网络可以依旧通过端到端的反向传播训练。代码如下:

```
conv = tf.keras.layers.Conv2D(out_dim/4,kernel_size=1,padding="SAME",
activation=tf.nn.relu)(input_xs)
conv = tf.keras.layers.BatchNormalization()(conv)
conv = tf.keras.layers.Conv2D(out_dim/4,kernel_size=3,padding="SAME",
activation=tf.nn.relu)(conv)
conv = tf.keras.layers.BatchNormalization()(conv)
conv = tf.keras.layers.Conv2D(out_dim,kernel_size=1,padding="SAME",
activation=tf.nn.relu)(conv)
out = tf.keras.layers.Add()([input_xs,out])
```

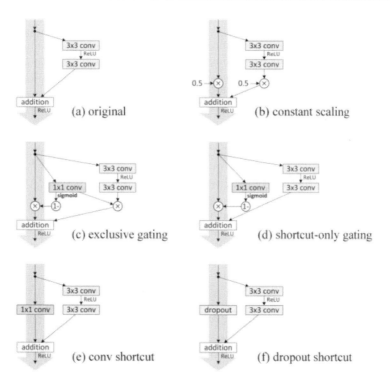

图 6.11　shortcut

说　明
有兴趣的读者可以自行完成,这里我们采用的是直联的方式,也就是 a 的 original 模式。

有的时候,除了判定是否对输入数据进行处理外,由于 ResNet 在实现过程中,对数据的

维度做了改变。因此，当输入的维度和要求模型输出的维度不相同，即 input_channel 不等于 out_dim 时，需要对输入数据的维度进行 padding 操作。

顺带提一下，tf.pad 函数是对数据进行补全操作，第二个参数是一个序列，分别代表向对应的维度进行双向补全操作。首先计算输出层与输入层在第四个维度上的差值，除 2 的操作是将差值分成 2 份，在上下分别进行补全操作。当然也可以在一个方向进行补全。

ResNet 残差模型的整体如下：

```
def identity_block(input_tensor,out_dim):
    conv1 = tf.keras.layers.Conv2D(out_dim // 4, kernel_size=1, padding="SAME",
activation=tf.nn.relu)(input_tensor)
    conv2 = tf.keras.layers.BatchNormalization()(conv1)
    conv3 = tf.keras.layers.Conv2D(out_dim // 4, kernel_size=3, padding="SAME",
activation=tf.nn.relu)(conv2)
    conv4 = tf.keras.layers.BatchNormalization()(conv3)
    conv5 = tf.keras.layers.Conv2D(out_dim, kernel_size=1, padding="SAME")(conv4)
    out = tf.keras.layers.Add()([input_tensor, conv5])
    out = tf.nn.relu(out)
    return out
```

6.2.3 ResNet 网络的实现

ResNet 的结构如图 6.12 所示。

layer name	output size	18-layer	34-layer	50-layer	101-layer	152-layer
conv1	112×112	\multicolumn{5}{c}{7×7, 64, stride 2}
conv2_x	56×56	\multicolumn{5}{c}{3×3 max pool, stride 2}
conv2_x	56×56	$\begin{bmatrix}3\times3,64\\3\times3,64\end{bmatrix}\times2$	$\begin{bmatrix}3\times3,64\\3\times3,64\end{bmatrix}\times3$	$\begin{bmatrix}1\times1,64\\3\times3,64\\1\times1,256\end{bmatrix}\times3$	$\begin{bmatrix}1\times1,64\\3\times3,64\\1\times1,256\end{bmatrix}\times3$	$\begin{bmatrix}1\times1,64\\3\times3,64\\1\times1,256\end{bmatrix}\times3$
conv3_x	28×28	$\begin{bmatrix}3\times3,128\\3\times3,128\end{bmatrix}\times2$	$\begin{bmatrix}3\times3,128\\3\times3,128\end{bmatrix}\times4$	$\begin{bmatrix}1\times1,128\\3\times3,128\\1\times1,512\end{bmatrix}\times4$	$\begin{bmatrix}1\times1,128\\3\times3,128\\1\times1,512\end{bmatrix}\times4$	$\begin{bmatrix}1\times1,128\\3\times3,128\\1\times1,512\end{bmatrix}\times8$
conv4_x	14×14	$\begin{bmatrix}3\times3,256\\3\times3,256\end{bmatrix}\times2$	$\begin{bmatrix}3\times3,256\\3\times3,256\end{bmatrix}\times6$	$\begin{bmatrix}1\times1,256\\3\times3,256\\1\times1,1024\end{bmatrix}\times6$	$\begin{bmatrix}1\times1,256\\3\times3,256\\1\times1,1024\end{bmatrix}\times23$	$\begin{bmatrix}1\times1,256\\3\times3,256\\1\times1,1024\end{bmatrix}\times36$
conv5_x	7×7	$\begin{bmatrix}3\times3,512\\3\times3,512\end{bmatrix}\times2$	$\begin{bmatrix}3\times3,512\\3\times3,512\end{bmatrix}\times3$	$\begin{bmatrix}1\times1,512\\3\times3,512\\1\times1,2048\end{bmatrix}\times3$	$\begin{bmatrix}1\times1,512\\3\times3,512\\1\times1,2048\end{bmatrix}\times3$	$\begin{bmatrix}1\times1,512\\3\times3,512\\1\times1,2048\end{bmatrix}\times3$
	1×1	\multicolumn{5}{c}{average pool, 1000-d fc, softmax}
FLOPs		1.8×10^9	3.6×10^9	3.8×10^9	7.6×10^9	11.3×10^9

图 6.12　ResNet 的结构

上面一共提出了 5 中深度的 ResNet，分别是 18、34、50、101 和 152，其中所有的网络都分成 5 部分，分别是：conv1、conv2_x、conv3_x、conv4_x、conv5_x。

下面我们将对其进行实现。需要说明的是，ResNet 完整的实现需要较高性能的显卡，因此我们对其做了修改，去掉了 pooling 层，并降低了每次 filter 的数目和每层的层数，这一点请读者注意。

1. conv_1

```
input_xs = tf.keras.Input(shape=[32,32,3])
conv_1 = tf.keras.layers.Conv2D(filters=64,kernel_size=3,padding="SAME",activation=tf.nn.relu)(input_xs)
```

最上层是模型的输入层,定义了输入的维度,这里使用的是一个卷积核为[7,7],步进为[2,2]大小的卷积作为第一层。

2. conv_2

```
out_dim = 64
identity_1 = tf.keras.layers.Conv2D(filters=out_dim, kernel_size=3, padding="SAME", activation=tf.nn.relu)(conv_1)
identity_1 = tf.keras.layers.BatchNormalization()(identity_1)
for _ in range(3):
    identity_1 = identity_block(identity_1,out_dim)
```

第二层使用的是多个[3,3]大小的卷积核,之后接了3个残差核心。

3. conv_3

```
out_dim = 128
identity_2 = tf.keras.layers.Conv2D(filters=out_dim, kernel_size=3, padding="SAME", activation=tf.nn.relu)(identity_1)
identity_2 = tf.keras.layers.BatchNormalization()(identity_2)
for _ in range(4):
    identity_2 = identity_block(identity_2,out_dim)
```

4. conv_4

```
out_dim = 256
identity_3 = tf.keras.layers.Conv2D(filters=out_dim, kernel_size=3, padding="SAME", activation=tf.nn.relu)(identity_2)
identity_3 = tf.keras.layers.BatchNormalization()(identity_3)
for _ in range(6):
    identity_3 = identity_block(identity_3,out_dim)
```

5. conv_5

```
out_dim = 512
identity_4 = tf.keras.layers.Conv2D(filters=out_dim, kernel_size=3, padding="SAME", activation=tf.nn.relu)(identity_3)
identity_4 = tf.keras.layers.BatchNormalization()(identity_4)
for _ in range(3):
    identity_4 = identity_block(identity_4,out_dim)
```

6. class_layer

最后一层是分类层,在经典的ResNet中,它是由一个全连接层做的分类器,代码如下:

```
flat = tf.keras.layers.Flatten()(identity_4)
flat = tf.keras.layers.Dropout(0.217)(flat)
dense = tf.keras.layers.Dense(1024,activation=tf.nn.relu)(flat)
dense = tf.keras.layers.BatchNormalization()(dense)
logits = tf.keras.layers.Dense(100,activation=tf.nn.softmax)(dense)
```

代码首先使用 reduce_mean 作为全局赤化层,之后接的卷积层将其压缩到分类的大小,softmax 是最终的激活函数,为每层对应的类别进行分类处理。

最终的全部函数如下所示:

```
import tensorflow as tf
def identity_block(input_tensor,out_dim):
   conv1 = tf.keras.layers.Conv2D(out_dim // 4, kernel_size=1, padding="SAME", activation=tf.nn.relu)(input_tensor)
   conv2 = tf.keras.layers.BatchNormalization()(conv1)
   conv3 = tf.keras.layers.Conv2D(out_dim // 4, kernel_size=3, padding="SAME", activation=tf.nn.relu)(conv2)
   conv4 = tf.keras.layers.BatchNormalization()(conv3)
   conv5 = tf.keras.layers.Conv2D(out_dim, kernel_size=1, padding="SAME")(conv4)
   out = tf.keras.layers.Add()([input_tensor, conv5])
   out = tf.nn.relu(out)
   return out
def resnet_Model(n_dim = 10):
   input_xs = tf.keras.Input(shape=[32,32,3])
   conv_1 = tf.keras.layers.Conv2D(filters=64,kernel_size=3,padding="SAME",activation=tf.nn.relu)(input_xs)
   """--------第一层----------"""
   out_dim = 64
   identity_1 = tf.keras.layers.Conv2D(filters=out_dim, kernel_size=3, padding="SAME", activation=tf.nn.relu)(conv_1)
   identity_1 = tf.keras.layers.BatchNormalization()(identity_1)
   for _ in range(3):
      identity_1 = identity_block(identity_1,out_dim)
   """--------第二层----------"""
   out_dim = 128
   identity_2 = tf.keras.layers.Conv2D(filters=out_dim, kernel_size=3, padding="SAME", activation=tf.nn.relu)(identity_1)
   identity_2 = tf.keras.layers.BatchNormalization()(identity_2)
   for _ in range(4):
      identity_2 = identity_block(identity_2,out_dim)
   """--------第三层----------"""
   out_dim = 256
   identity_3 = tf.keras.layers.Conv2D(filters=out_dim, kernel_size=3,
```

```
padding="SAME", activation=tf.nn.relu)(identity_2)
    identity_3 = tf.keras.layers.BatchNormalization()(identity_3)
    for _ in range(6):
        identity_3 = identity_block(identity_3,out_dim)
    """--------第四层----------"""
    out_dim = 512
    identity_4 = tf.keras.layers.Conv2D(filters=out_dim, kernel_size=3,
padding="SAME", activation=tf.nn.relu)(identity_3)
    identity_4 = tf.keras.layers.BatchNormalization()(identity_4)
    for _ in range(3):
        identity_4 = identity_block(identity_4,out_dim)
    flat = tf.keras.layers.Flatten()(identity_4)
    flat = tf.keras.layers.Dropout(0.217)(flat)
    dense = tf.keras.layers.Dense(2048,activation=tf.nn.relu)(flat)
    dense = tf.keras.layers.BatchNormalization()(dense)
    logits = tf.keras.layers.Dense(100,activation=tf.nn.softmax)(dense)
    model = tf.keras.Model(inputs=input_xs, outputs=logits)
    return model
if __name__ == "__main__":
    resnet_model = resnet_Model()
    print(resnet_model.summary())
```

6.2.4 使用 ResNet 对 CIFAR-100 进行分类

前面介绍了 CIFAR-100 数据集的下载，TensorFlow 2.0 中也自带了相关的数据集 CIFAR-100。本节我们将使用 TensorFlow 2.0 自带的数据集对 CIFAR-100 进行分类。

1. 第一步：数据集的获取

前面我们已经下载过 CIFAR-100 数据集，数据集可以放在本地，TensorFlow 2.0 自带了数据的读取函数，代码如下：

```
path = "./dataset/cifar-100-python"
from tensorflow.python.keras.datasets.cifar import load_batch
fpath = os.path.join(path, 'train')
x_train, y_train = load_batch(fpath, label_key='fine' + '_labels')
fpath = os.path.join(path, 'test')
x_test, y_test = load_batch(fpath, label_key='fine' + '_labels')

x_train = tf.transpose(x_train,[0,2,3,1])
y_train = np.float32(tf.keras.utils.to_categorical(y_train,num_classes=100))
x_test = tf.transpose(x_test,[0,2,3,1])
y_test = np.float32(tf.keras.utils.to_categorical(y_test,num_classes=100))
```

关于数据读取没有什么好说的，读者可以运行代码验证，需要提醒的是，对于不同的数据集,其维度的结构有所区别。此外,数据集打印的维度为(60000,3,32,32),并不符合传统使用的(60000,32,32,3)的普通维度格式,因此需要对其进行调整。

之后,需要将数据打包整合成能够被编译的格式,这里使用的是 TensorFlow 2.0 自带的 Dataset API,代码如下:

```
batch_size = 48
train_data = tf.data.Dataset.from_tensor_slices((x_train,y_train)).shuffle(batch_size*10).batch(batch_size).repeat(3)
```

2. 第二步:模型的导入和编译

这一步就是导入模型并设定优化器和损失函数。代码如下:

```
import resnet_model
model = resnet_model.resnet_Model()
model.compile(optimizer=tf.optimizers.Adam(1e-2),
loss=tf.losses.categorical_crossentropy,metrics = ['accuracy'])
model.fit(train_data, epochs=10)
```

3. 第三步:模型的计算

全部代码如下所示:

【程序 6-8】

```
import tensorflow as tf
import os
import numpy as np
path = "./dataset/cifar-100-python"
from tensorflow.python.keras.datasets.cifar import load_batch
fpath = os.path.join(path, 'train')
x_train, y_train = load_batch(fpath, label_key='fine' + '_labels')
fpath = os.path.join(path, 'test')
x_test, y_test = load_batch(fpath, label_key='fine' + '_labels')
x_train = tf.transpose(x_train,[0,2,3,1])
y_train = np.float32(tf.keras.utils.to_categorical(y_train,num_classes=100))
x_test = tf.transpose(x_test,[0,2,3,1])
y_test = np.float32(tf.keras.utils.to_categorical(y_test,num_classes=100))
batch_size = 48
train_data = tf.data.Dataset.from_tensor_slices((x_train,y_train)).shuffle(batch_size*10).batch(batch_size).repeat(3)
import resnet_model
model = resnet_model.resnet_Model()
model.compile(optimizer=tf.optimizers.Adam(1e-2),
loss=tf.losses.categorical_crossentropy,metrics = ['accuracy'])
```

```
model.fit(train_data, epochs=10)
score = model.evaluate(x_test, y_test)
print("last score:",score)
```

根据不同的硬件设备，模型的参数和训练集的 batch_size 都需要作出调整，具体数值请根据需要对它们做设置。

6.3 ResNet 的兄弟——ResNeXt

大家对一层一层堆叠的网络形成思维惯性的时候，shortcut 的思想是跨越性的。即使网络层级叠加到 100 层，运算量却和 16 层的 VGG 相差不多，精度却提高了一个档次，而且模块性、可移植性很强。

6.3.1 ResNeXt 诞生的背景

随着研究的深入以及 ResNet 层次的加深，研究人员开始在增加网络的"宽度"方面进行探究。神经网络的标准范式就符合这样的"分割-转换-合并"（split-transform-merge）模式。以一个最简单的普通神经元为例（比如 dense 中的每个神经元），如图 6.13 所示。

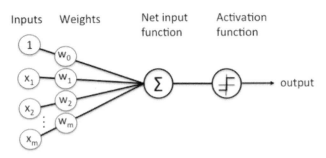

图 6.13　神经元

简单解释一下，就是对输入的数据进行权重乘积，求和后经过一个激活函数，因此神经网络又可以用公式表示为：

$$f(x) = \sum_{n=1}^{m} w(x_i)$$

而 ResNet 的公式表示为：

$$w(x) = x + \sum_{n=1}^{n} T(x_i)$$

公式中，T 函数理解为 ResNet 中的任意通路"模块"，x 为数据的 shortcut，n 为模块中通路的个数，如图 6.14 所示，shortcut 与通路模块共同构成了一个完整的"残差单元"。

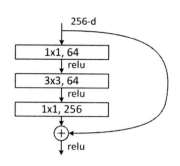

图 6.14　残差单元

可以简单地理解，随着 n 的增加，"通路"增加能够带来方程 w(x)的值的增加，即使单个增加的幅度很小，那么求和后一样可以带来效果的改善，即在每个 ResNet 模块中增加通路个数。这也是 ResNeXt 产生的初衷。

如图 6.15 所示，左边是 ResNet 的基本结构，右边是 ResNeXt 的基本结构。

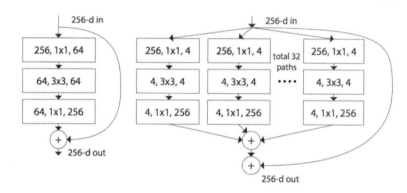

图 6.15　ResNet 和 ResNeXt 的基本结构

将右图的结构对比公式可以看到，w(x)是 32 组同样结构的变化，求和以后与输入端的 shortcut 进行二次叠加。如图 6.16 所示。

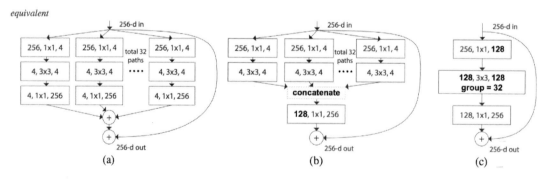

图 6.16　shortcut

更进一步对 ResNeXt 做改进，如果将输入的[1,1]卷积层合并在一起，减少通道数，最终还是形成了经典的 ResNet 的结构，因此也可以认为，经典的 ResNet 就是 ResNeXt 的一个特殊结构。

6.3.2 ResNeXt 残差模块的实现

从上一节的分析可以看到，ResNeXt 实际上就是更换了更具有普遍性的残差模块的 ResNet，而残差模块的更改实质上是将一个连接通道在模块内部增加为 32 个，这里我们使用图 6.17 中所示的 b 模型架构实现 ResNeXt。

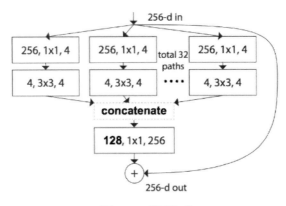

图 6.17　模型架构

实现步骤拆解如下。

1. 第一步：对输入数据的划分

TensorFlow 提供了数据分块函数 split，代码如下：

```
input_tensor_list = tf.split(input_tensor, num_or_size_splits=64, axis=3)
```

这里首先将输入的数据进行划分：

```
[batch,img_H,img_W,256]  →  [batch,img_H,img_W,32]
```

num_or_size_splits 对划分的参数进行设置，value 是输入值，axis 确定了划分的数据维度。

2. 第二步：输入后的数据输送到卷积层开始卷积计算

代码如下：

```
def conv_fun(input_tensor):
    out = tf.keras.layers.Conv2D(4, 3, padding="SAME",activation=tf.nn.relu)(input_tensor)
    out = tf.keras.layers.BatchNormalization()(out)
    return out
out_list = list(map(conv_fun, input_tensor_list))
```

这里采用的是 map 函数，在每个卷积分块上做[3,3]大小的卷积，并加上 batch_normalization 和 relu 层。

3. 第三步：将计算后的卷积层进行重新叠加

叠加选择的是第四个维度，即第一步拆分的维度。代码如下：

```
out = tf.concat(out_list, axis=-1)
```

这样就重新将数据组合起来了。

完整残差模块代码如下：

```
def identity_block(input_tensor):
    input_tensor_list = tf.split(input_tensor, num_or_size_splits=64, axis=3)
    def conv_fun(input_tensor):
        out = tf.keras.layers.Conv2D(4, 3, padding="SAME", activation=tf.nn.relu)(input_tensor)
        out = tf.keras.layers.BatchNormalization()(out)
        return out
    out_list = list(map(conv_fun, input_tensor_list))
    out = tf.concat(out_list, axis=-1)
    out = tf.keras.layers.Add()([out, input_tensor])
    return out
```

在对输入数据进行分解的时候，我们使用 split 函数直接对第四维进行拆解。有兴趣的读者可以在此步调整转换方法，即提供一个卷积来对数据维度进行降解。

6.3.3 ResNeXt 网络的实现

仿照 ResNet，ResNeXt 也是使用叠加残差模块的基本结构，对每个层级都做相同的转换，如图 6.18 所示。

stage	output	ResNet-50	ResNeXt-50 (32×4d)
conv1	112×112	7×7, 64, stride 2	7×7, 64, stride 2
conv2	56×56	3×3 max pool, stride 2 [1×1, 64 3×3, 64 1×1, 256] ×3	3×3 max pool, stride 2 [1×1, 128 3×3, 128, C=32 1×1, 256] ×3
conv3	28×28	[1×1, 128 3×3, 128 1×1, 512] ×4	[1×1, 256 3×3, 256, C=32 1×1, 512] ×4
conv4	14×14	[1×1, 256 3×3, 256 1×1, 1024] ×6	[1×1, 512 3×3, 512, C=32 1×1, 1024] ×6
conv5	7×7	[1×1, 512 3×3, 512 1×1, 2048] ×3	[1×1, 1024 3×3, 1024, C=32 1×1, 2048] ×3
	1×1	global average pool 1000-d fc, softmax	global average pool 1000-d fc, softmax
# params.		25.5×10^6	25.0×10^6
FLOPs		4.1×10^9	4.2×10^9

图 6.18 叠加残差模块

这里仿照 ResNet 的方法对残差模块进行叠加计算，主要有 4 个模块，依次对第四个维度进行提升。限于篇幅关系，这里我们只实现一个小的 ResNeXt 网络，剩下的部分请读者自行补全。

代码如下：

```python
import tensorflow as tf
def identity_block(input_tensor):
    input_tensor_list = tf.split(input_tensor, num_or_size_splits=64, axis=3)

    def conv_fun(input_tensor):
        out = tf.keras.layers.Conv2D(4, 3, padding="SAME", activation=tf.nn.relu)(input_tensor)
        out = tf.keras.layers.BatchNormalization()(out)
        return out

    out_list = list(map(conv_fun, input_tensor_list))
    out = tf.concat(out_list, axis=-1)
    out = tf.keras.layers.Add()([out, input_tensor])
    return out

def resnetXL_Model():
    input_xs = tf.keras.Input(shape=[32,32,3])
    conv_1 = tf.keras.layers.Conv2D(filters=64,kernel_size=3,padding="SAME",activation=tf.nn.relu)(input_xs)

    """--------第一层----------"""
    out_dim = 256
    identity = tf.keras.layers.Conv2D(filters=out_dim, kernel_size=3, padding="SAME", activation=tf.nn.relu)(conv_1)
    identity = tf.keras.layers.BatchNormalization()(identity)
    for _ in range(7):
        identity = identity_block(identity)

"""--------第二层----------"""
    ……

    """--------第三层----------"""
    ……

    conv = tf.keras.layers.Conv2D(100,kernel_size=32,activation=tf.nn.relu)(identity)
    logits = tf.nn.softmax(tf.squeeze(conv,[1,2]))

    model = tf.keras.Model(inputs=input_xs, outputs=logits)

    return model
```

上面代码只写了第一层的实现，更多层数的实现请读者参照 ResNet 模型尝试一下。

6.3.4　ResNeXt 和 ResNet 的比较

通过实验对比 ResNeXt 和 ResNet（见图 6.19）可以看到，ResNeXt 无论是在 50 层还是 101 层，其准确度都大大好于 ResNet，这里我们总结一下相关的结论：

- ResNeXt 与 ResNet 在相同参数个数情况下，训练时前者错误率更低，但下降速度差不多。
- 相同参数情况下，增加残差模块比增加卷几个数更加有效。
- 101 层的 ResNeXt 比 200 层的 ResNet 更好。

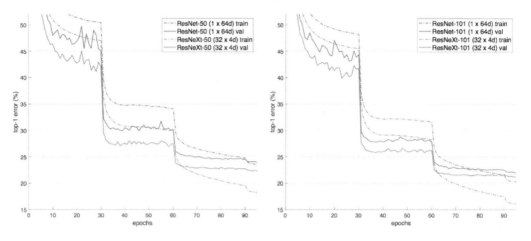

图 6.19 对比 ResNeXt 和 ResNet

6.4 其他的卷积神经模型简介

前面我们介绍了 ResNet 及其同父同母的兄弟 ResNeXt 网络，此外，同时期还有其他的一些卷积神经网络涌现，如图 6.20 所示。

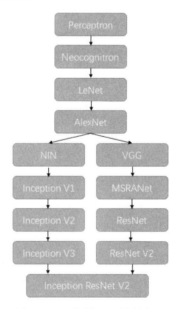

图 6.20 近期神经网络的发展

这些新兴的各种设计模式和框架更是在吸收了前面研究的基础上，扬长补短、兼收并蓄使得模型能够更好地得出效果。

6.4.1　SqueezeNet 模型简介

从 2012 年 AlexNet 模型的提出到 2015 年 ResNet 模型在图像识别上取得了成功，卷积核的大小以及整个模型的参数都在不断地缩小。并且在缩小计算量减少所耗费资源的基础上，模型的有效性及整体的简洁性都没有受到影响。这从而也论证了使用较少的参数同样可以达到所要求的目标。

SqueezeNet 是 2016 年提出的神经网络模型，其结构如图 6.21 所示。

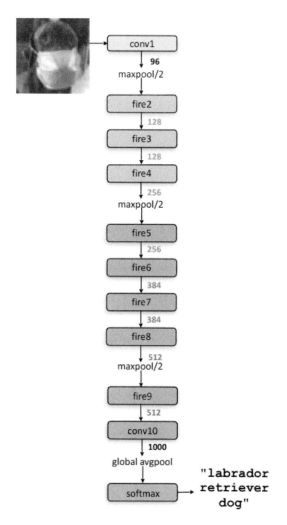

图 6.21　SqueezeNet 结构图

它做到了神经网络模型设计人员一个梦寐以求的事，即极大地减少了整体模型的参数。究其原因，主要是仿照 ResNet 模型的结构，在 SqueezeNet 模型中大量使用了相关单元模块，从而模块中的实际使用参数被大大缩减了。

SqueezeNet 使用的 fire 单元模块如图 6.22 所示。

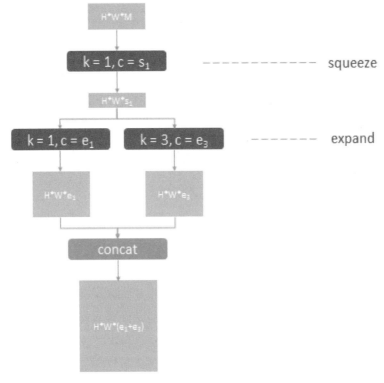

图 6.22　SqueezeNet 模型中 fire 单元模块

fire 单元模块是 SqueezeNet 模型的核心构件，在设计上非常简单，即将原来简单的一层 conv 层变成两层。fire 单元模块中包含 3 个卷积层，分为 squeeze 和 expand 两部分，步长均为 1。squeeze 和 expand 的作用是用于压缩和扩展数据（灰色矩形）的通道数。expand 部分中，两个不同核尺寸的结果通过串接层合并输出。

从图 6.23 中可以看到，SqueezeNet 整个网络包含 11 层：

- 第 1 层为卷积层，缩小输入图像，提取 96 维特征。
- 第 2 到 9 层为 fire 模块，每个模块内部先减少通道数(squeeze)再增加通道数(expamd)，每两个模块之后，通道数会增加。
- 在 1,4,8 层之后加入降采样的 max pooling，缩小一半尺寸。
- 第 10 层依然卷积层，为小图的每个像素预测 1000 类分类得分。
- 最后用一个全图 average pooling（绿色）得到这张图的 1000 类得分，使用 softmax 函数归一化为概率。

图 6.23 SqueezeNet 模型

SqueezeNet 在整体模型构建中摒弃了全连接层，而采用全卷积计算。最后使用了一个全局池化层进行跨通道信息组合，从而实现全局的图像识别分类。

提 示
全连接层的参数过多，对实际的模型分别能力提升帮助不大，在新兴的模型中往往被 pooling 代替，这一点建议读者在实际中多加注意。

6.4.2 Xception 模型简介

传统的 AlexNet 模型主要处理空间上图像的特征分类，前所未有地将卷积神经网络引入到图像识别中，取得了非常好的成绩。其后的新兴的各个模型，除了对空间特征进行分类提取，还注重对多个图形之间通道的联系，通过不同通道的跨通道组合，进一步提高了图像的辨识率和特征分类。

总结这些模型，就是通过独立处理不同通道之间的跨通道和空间辨别率之间的相关性，使得处理能够简单高效。模型中使用了大量大小为[1,1]卷积核，解耦了不同通道之间的相关性，之后将不同的通道上的信息映射到不同的通道空间，特征提取完毕后又将输入信号重新映射到更小的空间中，通过池化层替代全连接层重新将数据整合和分类。

Xception（见图 6.24）就是基于这个思路而开发出来的最新一种神经网络模型，它对每个通道上的空间特征进行独立提取，之后再通过卷积计算([1,1])组合后，在一个新的通道上输出。

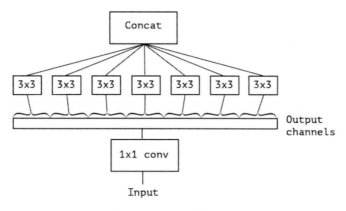

图 6.24 Xception 单元结构

Xception 就是在这个基础之上提出的一种新的模型结构（见图 6.25），使得通道处理和空间处理能够完全分开，将不同的通道内容根据相关性（并且在只凭借通道相关性）进行模式分类。

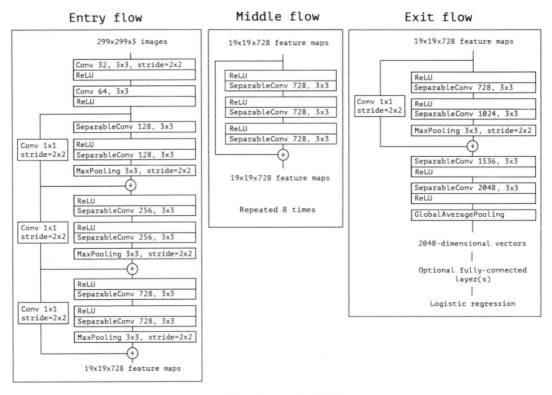

图 6.25 Xception 结构模型

可以看到，Xception 有 36 个卷积层，包含 14 个模块，线性 Residual connection 在这 14 个模块中。在图像分类中，最后一层是逻辑回归，可以在逻辑回归前面一层加上全连接层。

6.5 本章小结

本章是一个起点，让读者站在巨人的肩膀上，从冠军开始！

ResNet 和 ResNeXt 开创了一个时代，前所未有地改变了人们仅仅依靠堆积神经网络层来获取更高性能的做法，在一定程度上解决了梯度消失和梯度爆炸的问题。这是一项跨时代的发明。

当简单地堆积神经网络层的做法失效的时候，人们开始采用模块化的思想设计网络，同时在不断"加宽"模块的内部通道。但是当这些能够做的方法被挖掘穷尽后，有没有新的方法能够进一步提升卷积神经网络的效果呢？

Attention！

Attention is all we need！

第 7 章
◀ Attention is all we need! ▶

神经网络是模拟人类大脑的工作方式设计出来的、一种用于对事物做出判断和决定的算法模型。神经网络，特别是卷积神经网络更是仿照人类视觉成像的原理，叠加多个卷积层和分类层，以对事物做出符合人类认识的判定。

"注意力"机制也是人类天生的一种对事物进行观察的机制。人类通过视觉快速扫描观察对象，从而自动获取所要关注的目标焦点位置，即"焦点"，并在后续的观察上会投入更多的观测资源，从而获得更多的细节描述，如图 7.1 所示。

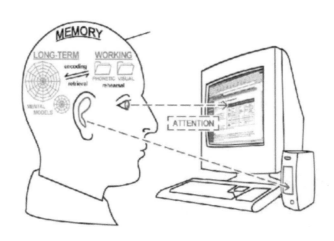

图 7.1 注意力

这是一种人类天生的观察机制，即利用有限甚至可以说是贫瘠的资源去获取最大信息的手段，是生物界经过长期进化而形成的一种生存机制。当你现在在读这本书的时候，如果注意力放在这几行字上，那么你身边发生的事情可能就完全不知道。但是，如果突然有音乐或者响声吸引了你的注意力，那么你的目光会朝响声的地方发出聚焦而忽视其他的一些内容。

图 7.2 所示的主体是一只鸟，读者的目光应该会被鸟吸引而忽视了周围天空的背景。这个就是人类经过大量的实践所自然产生的注意力机制。但是对于机器来说，鸟的比例在整个图片的比例是非常少的，而绝大多数的布局是蓝色的天空，机器的注意力会被大片的蓝色区域所吸

引,从而影响对图片的整体判断。

图 7.2　人和机器的判断

7.1 简单的理解注意力机制

在深度学习发展到今天,搭建具备注意力机制的神经网络开始显得更加重要。一方面是这种神经网络能够自主学习注意力机制,另一方面则是注意力机制能够反过来帮助我们去理解神经网络所看到的世界。

7.1.1 何为"注意力"

注意力机制简单地理解就是用"对焦"的方式关注所要观察的事物和对象。

对焦的实现采用的是"掩码"的方式来完成。通过在原图片上覆盖一层新的经过权重标注后的图像,将图片中的特征强调地标出,通过神经网络的反复训练,加强了这部分权重特征,从而让计算机学到每一张图片中需要重点关注的区域,以形成注意力,如图 7.3 所示。

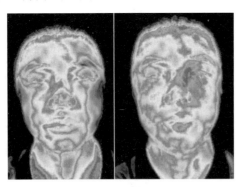

图 7.3　注意力的"脑中成像"

注意力机制通常由一个连接在原神经网络之后的额外的神经网络实现,整个模型仍然是端对端的,因此注意力模块能够和原模型一起同步训练。对于柔性注意力,注意力模块对其输入是可微的，所以整个模型仍可用梯度方法来优化。

假设每个神经网络的层输出是一个结构化的表示：

$$c = \{c1, c2, c3 \ldots cn\}$$

其中集合 c 中的每个元素代表输入信息中某个空间向量，可进入下一个神经网络层进行运算。分解后的图像特征如图 7.4 所示。

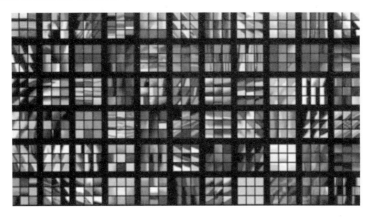

图 7.4　分解后的图像特征

然而 Attention 机制就是在上一层的输出向量之上叠加了一个新的函数，用来对层次之间的输出进行权重计算。

$$Att_f = f_{Att}(Z_t, c_t)$$

这里的 f 函数指的就是在层次输出之上叠加的注意力权重模型。可以认为 Attention 模型实际上就是叠加在不同的卷积层之间的一个额外的权重模型，这个权重模型通过给定或者待训练的参数给图形向量打分，好像是一个预处理的权重计算过程。它的作用就是告诉下一层的神经网络，哪些向量比较重要，哪些不重要。这也就是"注意力"的参数权重表达形式，这个对应关系也很好地反应了输入与权重之间的关系。

有读者会注意到，我们在介绍注意力权重的时候，使用的是"给定"或"待训练"，它们指的是注意力机制的两种形式，即 hard 和 soft 模式。

7.1.2　"hard or soft？"——注意力机制的两种常见形式

在注意力机制没有出现之前，计算机视觉对图像的处理总是对所有模块分配同样的注意力权重，图 7.5 所示的每个模块对整体的影响都是相同的，没有任何区别。这种模型称为"分心"模型。

图 7.5　不同的关注点

对于计算机视觉来说，图中都是两只鸟和两朵花，没有任何区别。但是做更细节的划分时，鸟身上的羽毛和花朵上的斑点并不一致，这样就决定了虽然图片看起来很相似，特征都属于同一个类别，但是根据其细节不同，图中的物体并不一样。

1. Hard Attention

既然知道需要多图片进行注意力关注，并且我们在前面的公式中也做了演示，注意力机制实质上就是在输出和输入层之间加上一个"权重蒙版"，这样强迫神经网络关注需要其关注的图像内容。

而"权重蒙版"是一个采用人工固定的矩阵向量（实际上根据采样概率对每个位置权重进行设定），这样做的好处是可以强迫计算机视觉关注设计人员要求其关注的部分，而减少其他部分的影响。但是这样做对于采样不同的图片是没有效果，甚至于起到相反作用的。原因是采用人工固定的矩阵向量在计算中不可微分，也就是无法通过神经网络对其参数的数值进行更新。

2. Soft Attention（本章重点内容）

既然使用 Hard Attention 对采样不同的图片无法起到一个加强注意力的作用，Soft Attention 应运而生。Soft Attention 实际上就是在不同的卷积层之间叠加了一个可以被微分计算（能够接受梯度反向传播）的权重矩阵，通过卷积神经网络或单独作为一项训练任务的权重模型进行训练，并将训练值叠加在输入与输出之间。

后续的章节将以 Soft Attention 为重点介绍相关内容。

7.1.3　"Spatial and Channel！"——注意力机制的两种实现形式

Spatial Attention 与 Channel Attention 分别从图像表面和维数方面施加注意力机制，如图 7.6 所示。

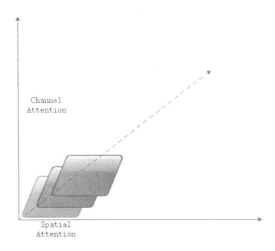

图 7.6 Spatial and Channel

1. Spatial Attention

Spatial Attention 的理解非常简单，即在输入图像的基础上叠加一个可以被微分计算、能够接受模型梯度反向传播的权重矩阵，矩阵的作用是与输入图像的特征值进行矩阵计算。

图 7.7 所示是一个常见的 Spatial Attention 模型，对输入的特征图像进行多重采样后，与卷积处理后的原图像进行乘法计算，输出最终值。

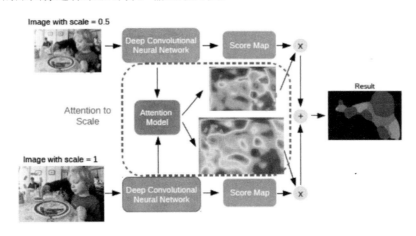

图 7.7 分解后的 Spatial Attention 示意图

下面是一个输出 Spatial Attention 的例子，注意例子和图没有关系。

```
def spatial_attention(input_xs):
    _, h, w, c = input_xs.get_shape().as_list()
    spatial_attention_fm = tf.keras.layers. Dense (1)(tf.reshape(input_xs, [-1, c]))
    spatial_attention_fm = tf.nn.sigmoid(tf.reshape(spatial_attention_fm, [-1, w * h]))
    attention = tf.reshape(tf.concat([spatial_attention_fm] * c, axis=1), [-1, h,
```

```
w, c])
    attended_fm = attention * input_xs
    return attended_fm
```

2. Channel Attention

Channel Attention（见图 7.8）指的是在维度通道的基础上对图像进行加权计算，对于不同的通道特征，每个维度也给予一个强行被设计的注意力模型，从而影响输出。

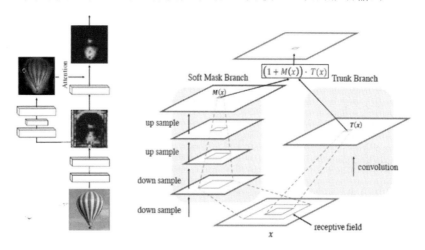

图 7.8　分解后的 Channel Attention 示意图

下面是一个 Channel Attention 模块的例子，观察一下用法即可：

```
def channel_attention(input_xs):
    _, h, w, c = input_xs.get_shape().as_list()
    transpose_feature_map = tf.transpose(tf.reduce_mean(input_xs, [1, 2], keepdims=True),
    perm=[0, 3, 1, 2])
    channel_wise_attention_fm = tf.layers.Dense
(c)(tf.reshape(transpose_feature_map, [-1, c]))
    channel_wise_attention_fm = tf.nn.sigmoid(channel_wise_attention_fm)
    attention = tf.reshape(tf.concat([channel_wise_attention_fm] * (h * w), axis=1),
[-1, h, w, c])
    attended_fm = attention * input_xs
    return attended_fm
```

从例子中可以看到，无论是在 Spatial 还是在 Channel 上都可以添加 Attention 机制，其作用是对输入的图像进行二次采样，对所针对的目标进行强化，如图 7.9 所示。

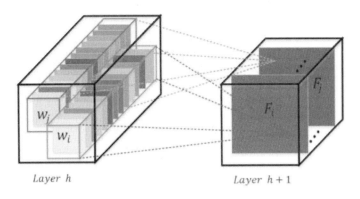

图 7.9　Attention 的作用

7.2　SENet 和 CBAM 注意力机制的经典模型

深度学习中的注意力机制从本质上讲与人类的选择性视觉注意力机制类似,核心目标也是从众多信息中选择出对当前任务目标更关键的信息。本节将介绍两个经典的注意力模型,SENet 和 CBAM。

7.2.1　最后的冠军——SENet

在最后一届 ImageNet 2017 竞赛上,SENet 以绝对的优势获得了 Image Classification 组的冠军。SENet(见图 7.10)是一种全新的架构,其英文名 Squeeze-and-Excitation Networks 描述了这个架构非常关键的操作:Squeeze and Excitation。

SENet 中并没有引入一个新的空间维度,而是显式地建立了一个模型通道之间的相互依赖关系。让 SE 模块自动学习到每个特征通道的重要程度,然后依照这个重要程度去计算输出的特征图。

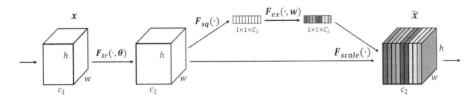

图 7.10　SENet 结构图

接下来简单介绍一下 SENet。

与经典的注意力模型一样,SENet 实际上也是在输入层与输出层之间叠加上一个矩阵权重。对于输入特征 x,其通道数为 c1,经过一系列的卷积变换得到一个特征通道数为 c2 的特征,输入到 SENet 模块中进行计算。

1. 第一步：Squeeze 操作

首先是 Squeeze 操作，SENet 中是根据输入的数据维度也就是 Channel 进行数据压缩，将每个 Channel 上的二维维度压缩成一个单一值，这有点类似于全局池化的作用。其输出与输入特征通道数相匹配的纬度值，表征在特征通道上设置一个相应全局分布的权重矩阵。代码如下：

```
input_xs = tf.reduce_mean(input_xs,[1,2],keep_dims=True)
```

2. 第二步：Excitation 操作

Excitation 操作是为每个特征通道生成一个对应的权重，权重被用来显式地建立不同的特征通道之间的相关性。

```
se_module = tf.keras.layers.Dense(shape[-1]/reduction_ratio,activation=tf.nn.relu)(se_module)
se_module = tf.nn.relu(se_module)
se_module = tf.keras.layers.Dense(shape[-1],activation=tf.nn.relu)(se_module)
```

这里使用 2 个全连接层组成一个 Excitation 通道，之后跟随一个 sigmoid 激活函数对全连接层的输出进行计算。

```
se_module = tf.nn.sigmoid(se_module)
```

reduction_ratio 是维度变化参数，先将输入数据的维度降到指定的程度，然后经过 relu 激活后再通过一个全连接层回升到原始维度，这样可以使得数据在变化时获得更多的非线性变化，并且极大地减少了参数和计算量。Sigmoid 函数使得输出值获得一个 0~1 之间的归一化权重。

3. 第三步：Reweight 操作

经过 Excitation 计算后的通道权重与输入选择后的每个对应特征图相乘计算，进行加权计算后，将计算值加权到每个通道的特征上。

```
    se_module = tf.nn.sigmoid(se_module)
    se_module = tf.reshape(se_module,[-1,1,1,shape[-1]])
    out_ys = tf.multiply(input_xs,se_module)
```

SENet 的完整代码如下：

```
def SE_moudle(input_xs,reduction_ratio = 16.):
    shape = input_xs.get_shape().as_list()
    se_module = tf.reduce_mean(input_xs,[1,2])
    se_module = tf.keras.layers.Dense(shape[-1]/reduction_ratio,activation=tf.nn.relu)(se_module)
    se_module = tf.keras.layers.Dense(shape[-1],activation=tf.nn.relu)(se_module)
    se_module = tf.nn.sigmoid(se_module)
```

```
    se_module = tf.reshape(se_module,[-1,1,1,shape[-1]])
    out_ys = tf.multiply(input_xs,se_module)
return out_ys
```

4. 第四步：SENet 的嵌入

由上面的步骤可以看到，SENet 实际上是一个注意力模块，对输入的数据进行权重变换后将特征图重新输出。除了直接在卷积层之间嵌入，SENet 还可以方便地嵌入到含有 shortcut 的模块化网络中，如图 7.11 所示。

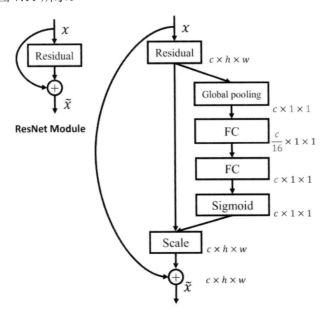

图 7.11　SENet 模块嵌入 shortcut

图中所示的是将 SENet 中嵌入到 ResNet 模块中的例子。网络构造按 ResNet 没有变化，但是在 shortcut 与 residual 模块进行加法计算之前，对特征做了重新标定。不在 shortcut 与 residual 模块进行加法计算之后进行重新标定的原因是，由于 sigmoid 存在归一化的权重计算，在较深的卷积网络上靠近输入层会出现梯度消散的情况，导致模型较难优化。

```
def identity_block(input_xs, out_dim, with_shortcut_conv_BN=False):

    if with_shortcut_conv_BN:
        pass
    else:
        shortcut = tf.identity(input_xs)
    input_channel = input_xs.get_shape().as_list()[-1]
    if input_channel != out_dim:
        pad_shape = tf.abs(out_dim - input_channel)
        shortcut = tf.pad(shortcut, [[0, 0], [0, 0], [0, 0], [pad_shape // 2, pad_shape
// 2]], name="padding")
```

```
    conv = tf.keras.layers.Conv2D(filters=out_dim // 4, kernel_size=1,
padding="SAME", activation=tf.nn.relu)(input_xs)
    conv = tf.keras.layers.BatchNormalization()(conv)
    conv = tf.keras.layers.Conv2D(filters=out_dim // 4, kernel_size=3,
padding="SAME", activation=tf.nn.relu)(conv)
    conv = tf.keras.layers.BatchNormalization()(conv)
    conv = tf.keras.layers.Conv2D(filters=out_dim // 4, kernel_size=1,
padding="SAME", activation=tf.nn.relu)(conv)
    conv = tf.keras.layers.BatchNormalization()(conv)
    shape = conv.get_shape().as_list()
    se_module = tf.reduce_mean(conv, [1, 2])
    se_module = tf.keras.layers.Dense(shape[-1] / 16,
activation=tf.nn.relu)(se_module)
    se_module = tf.keras.layers.Dense(shape[-1],
activation=tf.nn.relu)(se_module)
    se_module = tf.nn.sigmoid(se_module)
    se_module = tf.reshape(se_module, [-1, 1, 1, shape[-1]])
    se_module = tf.multiply(input_xs, se_module)
    output_ys = tf.add(shortcut, se_module)
    output_ys = tf.nn.relu(output_ys)
    return output_ys
```

可以说，无论是 ResNet、ResNeXt 还是其他目前新兴的神经网络都是通过类似叠加重复固定模块的采样方式进行计算。因此都可以通过在原始模块结构中嵌入 SENet 模块的方式对权值进行标的。

同时，相对于新的架构或者模型来说，SENet 在模型和计算复杂度上有良好的特性，即使被嵌入到已有的模型中，其参数也没有较大的增长，而属于可接受的范围，可以说 SENet 是一个比较优秀的、成功的注意力模块。

7.2.2 结合了 Spatial 和 Channel 的 CBAM 模型

SENet 取得了 ImageNet 2017 竞赛图像分类的冠军，其主要原因是在 Channel 上加入了注意力机制。SENet 的成功极大地提高了卷积神经网络中对 Attention 的注意。

Attention is all we need！

通过上一小节对 SENet 模块的分析可以知道，SENet 仅仅是在输入的维度上加载了注意力模型，那么有没有可能在空间和维度上都加载上注意力机制。

Convolutional Block Attention Module（CBAM）表示卷积模块的注意力机制模块，它是一种结合了空间（Spatial）和通道（Channel）的注意力机制模块。相比 SENet 只关注通道（Channel）的注意力机制，它可以取得更好的效果。

从图 7.12 所示可以看到，CBAM 在输入端和输出端之间分别加载了 Channel Attention 和 Spatial Attention。下面我们分步对 CBAM 进行介绍。

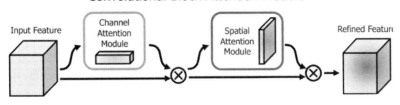

图 7.12　CBAM

1. 第一步：Channel Attention 操作

Channel Attention 操作如图 7.13 所示。

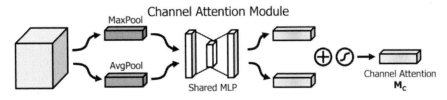

图 7.13　Channel Attention

Channel Attention 的构造形式可以说与 SENet 类似，它通过不同的压缩方式将平面压缩成一个点 FF0C 之后，经过全连接变化对特征进行重新组合和求积运算得到输出结果，代码如下：

```
maxpool_channel = tf.reduce_max(tf.reduce_max(input_xs, axis=1, keepdims=True),
axis=2, keepdims=True)
avgpool_channel = tf.reduce_mean(tf.reduce_mean(input_xs, axis=1, keepdims=True),
axis=2, keepdims=True)
maxpool_channel = tf.keras.layers.Flatten()(maxpool_channel)
avgpool_channel = tf.keras.layers.Flatten()(avgpool_channel)
mlp_1_max = tf.keras.layers.Dense(units=int(hidden_num * reduction_ratio),
activation=tf.nn.relu)(maxpool_channel)
mlp_2_max = tf.keras.layers.Dense(units=hidden_num,
activation=tf.nn.relu)(mlp_1_max)
mlp_2_max = tf.reshape(mlp_2_max, [-1, 1, 1, hidden_num])
mlp_1_avg = tf.keras.layers.Dense(units=int(hidden_num * reduction_ratio),
activation=tf.nn.relu)(avgpool_channel)
mlp_2_avg = tf.keras.layers.Dense(units=hidden_num,
activation=tf.nn.relu)(mlp_1_avg)
mlp_2_avg = tf.reshape(mlp_2_avg, [-1, 1, 1, hidden_num])
channel_attention = tf.nn.sigmoid(mlp_2_max + mlp_2_avg)
channel_refined_feature = input_xs * channel_attention
```

首先 maxpool 和 avgpool 分别对输入的值进行全局池化，之后使用 2 个全连接层对特征进行提取，经过 sigmoid 激活后将提取后的值重新连接作为输入的权重与输入值进行内积计算，生成 Spatial Attention 模块需要的输入特征。

2. 第二步：Spatial Attention 操作

Spatial Attention（见图 7.14）的操作相对简单，首先将 Channel Attention 的计算输出特征值作为本模块的输入值，之后依旧是使用 maxpool 和 avgpool 在空间面积上做池化计算，一个 concat 将结果进行连接。卷积层的作用是将维度降为 1 以方便下一步进行的 sigmoid 归一化计算，最后将权重维度和本模块的输入（即 Channel Attention 模块的输出，请注意）做乘法计算，得到最终生成的特征值。

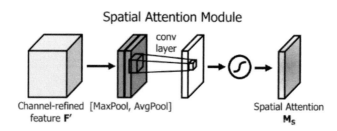

图 7.14　spatial attention

此部分代码如下：

```
maxpool_spatial = tf.reduce_max(channel_refined_feature, axis=3, keepdims=True)
avgpool_spatial = tf.reduce_mean(channel_refined_feature, axis=3, keepdims=True)
max_avg_pool_spatial = tf.concat([maxpool_spatial, avgpool_spatial], axis=3)
conv_layer = tf.keras.layers.conv2d(filters=1, kernel_size=(3, 3),
padding="same",activation=None)(max_avg_pool_spatial)
spatial_attention = tf.nn.sigmoid(conv_layer)
```

3. 第三步：Channel Attention 与 Spatial Attention 融合

CBAM 中 Channel Attention 的输出是作为 Spatial Attention 的输入，被输入到后续的计算中，融合代码如下：

```
refined_feature = channel_refined_feature * spatial_attention
output_layer = refined_feature + input_xs
```

可以看到，输入到 Channel Attention 的数据经过 Spatial 计算后重新进行了融合，之后的相加计算建立了 shortcut 通道，使得原有的数据输入没有本质的变化，至少不会因为加入注意力机制使得性能发生下降。

完整的 CBAM 模块代码如下：

```
def cbam_module(input_xs, reduction_ratio=0.5):
    batch_size, hidden_num = input_xs.get_shape().as_list()[0],
input_xs.get_shape().as_list()[3]
    # channel attention
    maxpool_channel = tf.reduce_max(tf.reduce_max(input_xs, axis=1,
keepdims=True), axis=2, keepdims=True)
    avgpool_channel = tf.reduce_mean(tf.reduce_mean(input_xs, axis=1,
```

```
keepdims=True), axis=2, keepdims=True)
   maxpool_channel = tf.keras.layers.Flatten()(maxpool_channel)
   avgpool_channel = tf.keras.layers.Flatten()(avgpool_channel)
   mlp_1_max = tf.keras.layers.Dense(units=int(hidden_num * reduction_ratio),
activation=tf.nn.relu)(maxpool_channel)
   mlp_2_max = tf.keras.layers.Dense( units=hidden_num)(mlp_1_max)
   mlp_2_max = tf.reshape(mlp_2_max, [-1, 1, 1, hidden_num])
   mlp_1_avg = tf.keras.layers.Dense(units=int(hidden_num * reduction_ratio),
activation=tf.nn.relu)(avgpool_channel)
   mlp_2_avg = tf.keras.layers.Dense(units=hidden_num,
activation=tf.nn.relu)(mlp_1_avg)
   mlp_2_avg = tf.reshape(mlp_2_avg, [-1, 1, 1, hidden_num])
   channel_attention = tf.nn.sigmoid(mlp_2_max + mlp_2_avg)
   channel_refined_feature = input_xs * channel_attention
   # spatial attention
   maxpool_spatial = tf.reduce_max(channel_refined_feature, axis=3,
keepdims=True)
   avgpool_spatial = tf.reduce_mean(channel_refined_feature, axis=3,
keepdims=True)
   max_avg_pool_spatial = tf.concat([maxpool_spatial, avgpool_spatial], axis=3)
   conv_layer = tf.keras.layers.Conv2D(filters=1, kernel_size=(3, 3),
padding="same",activation=None)(max_avg_pool_spatial)
   spatial_attention = tf.nn.sigmoid(conv_layer)
   refined_feature = channel_refined_feature * spatial_attention
   output_layer = refined_feature + input_xs
return output_layer
```

4. 第四步：将 CBAM 模块嵌入到 ResNet 中

如同 SENet 一样，CBAM 一样可以作为辅助模块被嵌入 ResNet 中，从而作为一个加载了注意力机制的新模型使用。加载了 CBAM 的 ResNet 模块代码如下：

```
#CBAM模块
import tensorflow as tf
def cbam_module(input_xs, reduction_ratio=0.5):
   batch_size, hidden_num = input_xs.get_shape().as_list()[0],
input_xs.get_shape().as_list()[3]
   # channel attention
   maxpool_channel = tf.reduce_max(tf.reduce_max(input_xs, axis=1,
keepdims=True), axis=2, keepdims=True)
   avgpool_channel = tf.reduce_mean(tf.reduce_mean(input_xs, axis=1,
keepdims=True), axis=2, keepdims=True)
   maxpool_channel = tf.keras.layers.Flatten()(maxpool_channel)
   avgpool_channel = tf.keras.layers.Flatten()(avgpool_channel)
   mlp_1_max = tf.keras.layers.Dense(units=int(hidden_num * reduction_ratio),
```

```python
activation=tf.nn.relu)(maxpool_channel)
    mlp_2_max = tf.keras.layers.Dense(units=hidden_num)(mlp_1_max)
    mlp_2_max = tf.reshape(mlp_2_max, [-1, 1, 1, hidden_num])
    mlp_1_avg = tf.keras.layers.Dense(units=int(hidden_num * reduction_ratio),
activation=tf.nn.relu)(avgpool_channel)
    mlp_2_avg = tf.keras.layers.Dense(units=hidden_num,
activation=tf.nn.relu)(mlp_1_avg)
    mlp_2_avg = tf.reshape(mlp_2_avg, [-1, 1, 1, hidden_num])
    channel_attention = tf.nn.sigmoid(mlp_2_max + mlp_2_avg)
    channel_refined_feature = input_xs * channel_attention
    # spatial attention
    maxpool_spatial = tf.reduce_max(channel_refined_feature, axis=3,
keepdims=True)
    avgpool_spatial = tf.reduce_mean(channel_refined_feature, axis=3,
keepdims=True)
    max_avg_pool_spatial = tf.concat([maxpool_spatial, avgpool_spatial], axis=3)
    conv_layer = tf.keras.layers.Conv2D(filters=1, kernel_size=(3, 3),
padding="same", activation=None)(
        max_avg_pool_spatial)
    spatial_attention = tf.nn.sigmoid(conv_layer)
    refined_feature = channel_refined_feature * spatial_attention
    output_layer = refined_feature + input_xs
    return output_layer

# 加载了CBAM模块的ResNet
def identity_block(input_xs, out_dim, with_shortcut_conv_BN=False):
    if with_shortcut_conv_BN:
        pass
    else:
        shortcut = tf.identity(input_xs)
    input_channel = input_xs.get_shape().as_list()[-1]
    if input_channel != out_dim:
        pad_shape = tf.abs(out_dim - input_channel)
        shortcut = tf.pad(shortcut, [[0, 0], [0, 0], [0, 0], [pad_shape // 2, pad_shape
// 2]], name="padding")
    conv = tf.keras.layers.Conv2D(filters=out_dim // 4, kernel_size=1,
padding="SAME", activation=tf.nn.relu)(input_xs)
    conv = tf.keras.layers.BatchNormalization()(conv)
    conv = tf.keras.layers.Conv2D(filters=out_dim // 4, kernel_size=3,
padding="SAME", activation=tf.nn.relu)(conv)
    conv = tf.keras.layers.BatchNormalization()(conv)
    conv = tf.keras.layers.Conv2D(filters=out_dim // 4, kernel_size=1,
padding="SAME", activation=tf.nn.relu)(conv)
    conv = tf.keras.layers.BatchNormalization()(conv)
```

```
    conv = tf.layers.conv2d(conv, out_dim, [1, 1], strides=[1, 1],
kernel_initializer=tf.variance_scaling_initializer,
                    bias_initializer=tf.zeros_initializer,
name="conv{}_2_1x1".format(str(layer_depth)))
    conv = tf.layers.batch_normalization(conv)
    # ResNet 中加载的 CBAM 模块
    conv = cbam_module(conv)
    output_ys = shortcut + conv
    output_ys = tf.nn.relu(output_ys)
return output_ys
```

ResNet 中加载 CBAM 模块的位置与 ResNet 相类似，这里就不再多做阐述了。

7.2.3 注意力的前沿研究——基于细粒度的图像注意力机制

在日常生活中，我们很容易地识别出常见物体的类别（比如：计算机、手机、水杯等），但如果想进一步去判断更为精细化的物体分类，例如日常所见的各种花朵、树木，在湖中划船时遇到的各种鸟类，恐怕连专家也很难做到无所不晓。

无论是基于空间的（Spatial）的注意力机制还是基于通道的（Channel）的注意力机制，都是在全局的范围上对注意力进行加载，即通过对全局的切分，强制性地将整体结构与可微分的、能够接受神经网络反馈计算的注意力权重矩阵重新进行求积计算。从而模仿了人类视觉中对焦点的注意力机制。

然而，在真实世界中仅仅依靠对焦点的观察并不能从更细粒度上分辨一个物体。图 7.15 所示对鸟类的分辨，只聚焦于嘴部非常小的一块区域，这仅仅依靠焦点定位是远远不够的。

图 7.15 细粒度注意力机制

传统的细粒度聚焦的引入可以使得神经网络只聚焦图像中一个非常小的区域。而落实到具体的解决方案上，即在原有的卷积神经网络上加上回归 bounding box 来学习相应的模型，如图 7.16 所示。

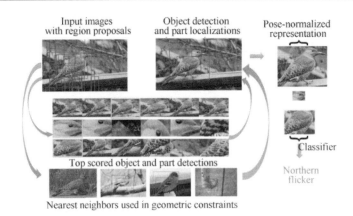

图 7.16　回归 bounding box

但是，这在实际应用中较为困难。首先是人为标定的 box 带有太多人为雕琢痕迹，并不一定适合神经网络去学习。此外大量的人为标注信息完全依靠人工完成，这在现实中并不容易。

基于递归注意力模型的细粒度图像识别模型（Recurrent Attention Convolutional Neural Network，RACNN）。这种模型能够准确地找到图像中具有最大差异化的区域，之后采用一种"放大"的形式描述这些特征，并与原始特征图进行叠加，进而大大提高了对细粒度分辨图像的识别能力。

从图 7.17 可以看到，RACNN 实际上是由 3 个尺度越来越细、逐级放大的循环神经网络构成，即上一层的输出作为下一层的输入。RACNN 主要包括两个部分，每个尺度上的卷积网络和相邻区间上的作为注意力"区域采样"模块（Attention Proposal Network，APN）。这样能够在每个尺度上的卷积神经网络后连上全连接层和作为分类的 softmax 层，从而对类别做出分类。

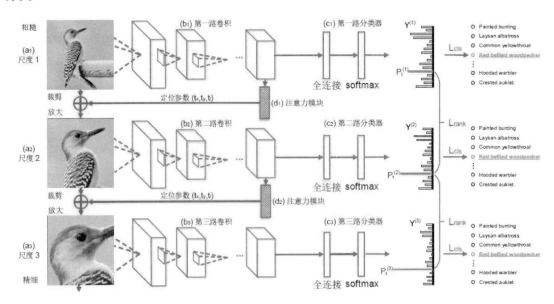

图 7.17　RACNN

限于篇幅问题,RACNN 的介绍就到此为止,有兴趣的读者可以找到相关资料自行学习。

7.3 本章小结

本章主要介绍了注意力机制,深入浅出地介绍了深度学习中注意力机制的原理、关键计算机制及其本质思想,也介绍了注意力模型在卷积神经网络中的应用和实现。

在卷积神经网络中运用注意力机制,是符合人类视觉认知的一种顺势而为的思想。对于观察一幅图的不同的部分,人类分配的焦点也是不同的,因此仿照人类视觉对事物的观察模式,给神经网络加载注意力模块也是情理之中。

注意力模型是一个新兴的研究领域,其研究的进展决定着更细粒度的可观察神经网络能否应用到现实生活中,本章最后介绍的 RACNN 就是如此。当然,除此之外使用细粒度注意力模型还有很多,这也是计算机视觉的未来发展方向之一。

第 8 章
卷积神经网络实战：识文断字我也可以

文本分类是自然语言处理的一个重要方面，利用计算机手段推断出给定的文本（句子、文档等）的标签或标签集合。利用深度学习进行文本分类和语义判断是一个新兴而充满前途的工作。文本分类主要的应用如下：

- 垃圾邮件分类：二分类问题，判断邮件是否为垃圾邮件。
- 新闻主题分类：判断新闻属于哪个类别，如财经、体育、娱乐等。
- 自动问答：系统中的问句分类。

小知识
二分类问题，判断文本情感是积极（positive）还是消极（negative）。
多分类问题，判断文本情感属于{非常消极，消极，中立，积极，非常积极}中的哪一类。

传统的文本分类主要是利用贝叶斯原理，基于上下文之间文本出现的概率对自然语言进行处理。而使用深度学习，特别是卷积神经网络，完全另辟蹊径从特征词入手经过卷积-池化-分类等步骤对文本的分类做出预测。

本章将主要介绍卷积神经网络在文本分类中的应用（见图 8.1），使用已有的英文新闻数据集对文本进行分类，主要涉及文本处理，特征提取以及多种模型的建立和比较。

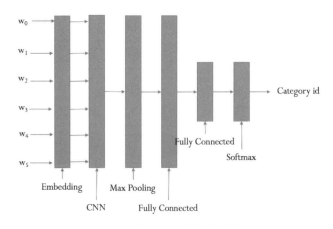

图 8.1 基于 CNN 的文本分类

8.1 文本数据处理

无论是使用深度学习还是传统的自然语言处理方式，一个非常重要的内容就是将自然语言转换成计算机可以识别的特征向量。文本的预处理就是如此，通过文本分词-词向量训练-特征词抽取这几个主要步骤后，组建能够代表文本内容的矩阵向量。

8.1.1 数据集介绍和数据清洗

新闻分类数据集“AG”是由学术社区 ComeToMyHead 提供的，从 2000 多不同的新闻来源搜集的、超过 100 万的新闻文章。可用于研究分类、聚类、信息获取（rank、搜索）等非商业活动。在此基础上，Xiang Zhang 为了研究需要从中提取了 127600 样本，其中抽出 120000 作为训练集，而 7600 作为测试集。这个 AG 数据集按以下 4 类进行分类：

- World
- Sports
- Business
- Sci/Tec

AG 数据集一般是用 csv 文件存储，打开后格式如图 8.2 所示。

3	Wall St. Bears Claw Back Into the Black (Reuters)	Reuters - Short-sellers, Wall Street's dwindling\band of ultra-cynics, are seeing green again.
3	Carlyle Looks Toward Commercial Aerospace (Reuters)	Reuters - Private investment firm Carlyle Group,\which has a reputation for making well-timed and occasionally\controversial play
3	Oil and Economy Cloud Stocks' Outlook (Reuters)	Reuters - Soaring crude prices plus worries\about the economy and the outlook for earnings are expected to\hang over the stock ma
3	Iraq Halts Oil Exports from Main Southern Pipeline (	Reuters - Authorities have halted oil export\flows from the main pipeline in southern Iraq after\intelligence showed a rebel mili
3	Oil prices soar to all-time record, posing new menac	AFP - Tearaway world oil prices, toppling records and straining wallets, present a new economic menace barely three months before
3	Stocks End Up, But Near Year Lows (Reuters)	Reuters - Stocks ended slightly higher on Friday\but stayed near lows for the year as oil prices surged past #36;46\a barrel, of
3	Money Funds Fell in Latest Week (AP)	AP - Assets of the nation's retail money market mutual funds fell by #36;1.17 billion in the latest week to #36;849.98 trillion
3	Fed minutes show dissent over inflation (USATODAY.co	USATODAY.com - Retail sales bounced back a bit in July, and new claims for jobless benefits fell last week, the government said T
3	Safety Net (Forbes.com)	Forbes.com - After earning a PH.D. in Sociology, Danny Bazil Riley started to work as the general manager at a commercial real es
3	Wall St. Bears Claw Back Into the Black	NEW YORK (Reuters) - Short-sellers, Wall Street's dwindling band of ultra-cynics, are seeing green again.
3	Oil and Economy Cloud Stocks' Outlook	NEW YORK (Reuters) - Soaring crude prices plus worries about the economy and the outlook for earnings are expected to hang ove
3	No Need for OPEC to Pump More-Iran Gov	TEHRAN (Reuters) - OPEC can do nothing to douse scorching oil prices when markets are already oversupplied by 2.8 million barr
3	Non-OPEC Nations Should Up Output-Purnomo	JAKARTA (Reuters) - Non-OPEC oil exporters should consider increasing output to cool record crude prices, OPEC President Purno
3	Google IPO Auction Off to Rocky Start	WASHINGTON/NEW YORK (Reuters) - The auction for Google Inc.'s highly anticipated initial public offering got off to a rocky st
3	Dollar Falls Broadly on Record Trade Gap	NEW YORK (Reuters) - The dollar tumbled broadly on Friday after data showing a record U.S. trade deficit in June cast fresh do
3	Rescuing an Old Saver	If you think you may need to help your elderly relatives with their finances, don't be shy about having the money talk -- soon.
3	Kids Rule for Back-to-School	The purchasing power of kids is a big part of why the back-to-school season has become such a huge marketing phenomenon.
3	In a Down Market, Head Toward Value Funds	There is little cause for celebration in the stock market these days, but investors in value-focused mutual funds have reason to
3	US trade deficit swells in June	The US trade deficit has exploded 19 to a record \$55.8bn as oil costs drove imports higher, according to a latest figures.
3	Shell 'could be target for Total'	Oil giant Shell could be bracing itself for a takeover attempt, possibly from French rival Total, a press report claims.
3	Google IPO faces Playboy slip-up	The bidding gets underway for Google's public offering, despite last-minute worries over an interview with its bosses in Playboy
3	Eurozone economy keeps growing	Official figures show the 12-nation eurozone economy continues to grow, but there are warnings it may slow down later in the year
3	Expansion slows in Japan	Economic growth in Japan slows down as the country experiences a drop in domestic and corporate spending.
3	Rand falls on shock SA rate cut	Interest rates are trimmed to 7.5 by the South African central bank, but the lack of warning hits the rand and surprises markets
3	Car prices down across the board	The cost of buying both new and second hand cars fell sharply over the past five years, a new survey has found.
3	South Korea lowers interest rates	South Korea's central bank cuts interest rates by a quarter percentage point to 3.5 in a bid to drive growth in the economy.
3	Google auction begins on Friday	An auction of shares in Google, the web search engine which could be floated for as much as \$36bn, takes place on Friday.

图 8.2 Ag_news 数据集

第一列是新闻分类，第二列是新闻标题，第三列是新闻的正文部分，使用“,”和“.”作为断句的符号。

由于拿到的数据集是由社区自动化存储和收集的，不可避免地存在大量的数据杂质：

```
Reuters - Was absenteeism a little high\on Tuesday among the guys at the office? EA Sports would like\to think it was because "Madden NFL 2005" came out that day,\and some fans of the football simulation are rabid enough to\take a sick day to play it.
Reuters - A group of technology companies\including Texas Instruments Inc. (TXN.N), STMicroelectronics\(STM.PA) and Broadcom Corp. (BRCM.O), on Thursday said they\will
```

```
propose a new wireless networking standard up to 10 times\the speed of the current
generation.
```

因此第一步需要对数据进行清洗。

1. 第一步：数据的读取与存储

第一步是对数据的存储，数据集的存储格式为 csv，需要按列队数据进行读取，代码如下：

```
import csv
agnews_train = csv.reader(open("./dataset/train.csv","r"))
for line in agnews_train:
    print(line)
```

输入结果如图 8.3 所示。

```
['2', 'Sharapova wins in fine style', 'Maria Sharapova and Amelie Mauresmo opened their challenges at the WTA Champ:
['2', 'Leeds deny Sainsbury deal extension', 'Leeds chairman Gerald Krasner has laughed off suggestions that he has
['2', 'Rangers ride wave of optimism', 'IT IS doubtful whether Alex McLeish had much time eight weeks ago to dwell (
['2', 'Washington-Bound Expos Hire Ticket Agency', 'WASHINGTON Nov 12, 2004 - The Expos cleared another logistical |
['2', 'NHL #39;s losses not as bad as they say: Forbes mag', 'NEW YORK - Forbes magazine says the NHL #39;s financi;
['1', 'Resistance Rages to Lift Pressure Off Fallujah', 'BAGHDAD, November 12 (IslamOnline.net  amp; News Agencies)
```

图 8.3 Ag_news 中数据形式

读取的 train 中的每行数据内容默认以逗号分隔，按列依次存储在序列不同的位置中。为了分类的方便，可以使用不同的数组将数据按类别进行存储。当然读者也可以根据需要使用 Pandas，但是为了后续操作方便和加快运算速度，这里主要使用 Python 原生函数和 NumPy 进行计算。

```
import csv
agnews_label = []
agnews_title = []
agnews_text = []
agnews_train = csv.reader(open("./dataset/train.csv","r"))
for line in agnews_train:
    agnews_label.append(line[0])
    agnews_title.append(line[1].lower())
    agnews_text.append(line[2].lower())
```

可以看到不同的内容被存储在不同的数组之中，并且所有的字母统一转换成小写，便于后续的计算。

2. 第二步：文本的清洗

这一步是对文本中的杂质进行清洗。可以看到文本中除了常用的标点符号外，还包含着大量的特殊字符，因此需要对文本进行清洗。

文本清洗的方法一般使用正则表达式，可以匹配小写'a'至'z'、大写'A'至'Z'，或者数字'0'到'9'的范围之外的所有字符并用空格代替。这个方法无需指定所有标点符号。代码如下：

```
import re
```

```
text = re.sub(r"[^a-z0-9]"," ",text)
```

这里 re 是 Python 中对应正则表达式的 python 包，字符串"^"的意义是求反，即只保留要求的字符，替换非要求保留的字符。更细一步的分析可以知道，文本清洗中除了将不需要的符号使用空格替换外，还产生一个问题，即空格数目过多和在文本的首尾有空格残留，这会影响文本的读取，因此还需要对替换符号后的文本进行二次处理。

```
import re
def text_clear(text):
    text = text.lower()   #将文本转化成小写
    text = re.sub(r"[^a-z0-9]"," ",text)    #替换非标准字符，^是求反操作。
    text = re.sub(r" +", " ", text) #替换多重空格
    text = text.strip()   #取出首尾空格
    text = text.split(" ")   #对句子按空格分隔
    return text
```

由于加载了新的数据清洗工具，因此在读取数据时，即可以使用自定义的函数将文本信息处理后存储，代码如下：

```
import csv
import tools
import numpy as np
agnews_label = []
agnews_title = []
agnews_text = []
agnews_train = csv.reader(open("./dataset/train.csv","r"))
for line in agnews_train:
    agnews_label.append(np.float32(line[0]))
    agnews_title.append(tools.text_clear(line[1]))
    agnews_text.append(tools.text_clear(line[2]))
```

这里使用了额外的包和 NumPy 处理函数对数据处理，因此处理后可以获得较为干净的数据，如图 8.4 所示。

```
pilots union at united makes pension deal
quot us economy growth to slow down next year quot
microsoft moves against spyware with giant acquisition
aussies pile on runs
manning ready to face ravens 39 aggressive defense
gambhir dravid hit tons as india score 334 for two night lead
croatians vote in presidential elections mesic expected to win second term afp
nba wrap heat tame bobcats to extend winning streak
historic turkey eu deal welcomed
```

图 8.4 清理后的 Ag_news 数据

8.1.2 停用词的使用

观察分好词的文本集，每组文本中除了能够表达含义的名词和动词外，还有大量没有意义

的副词,例如 is、are、the 等。这些词的存在并不会给句子增加太多含义,反而由于频率非常多,会影响后续的词向量分析。因此为了减少需要处理的词汇量,从而降低后续程序的复杂度,需要清除这些停用词。清除停用词一般使用 NLTK 工具包。安装代码如下:

```
conda install nltk
```

除了安装 NLTK 外,还有一个非常重要的内容是,仅仅依靠安装了 NLTK 并不能够使用停用词,需要额外的在下载 NLTK 停用词包,建议读者使用控制端进入 NLTK,之后运行如图 8.5 所示的代码,打开 NLTK 的下载控制端。

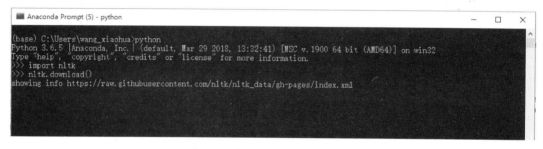

图 8.5　安装 nltk 并打开控制台

打开控制端如图 8.6 所示。

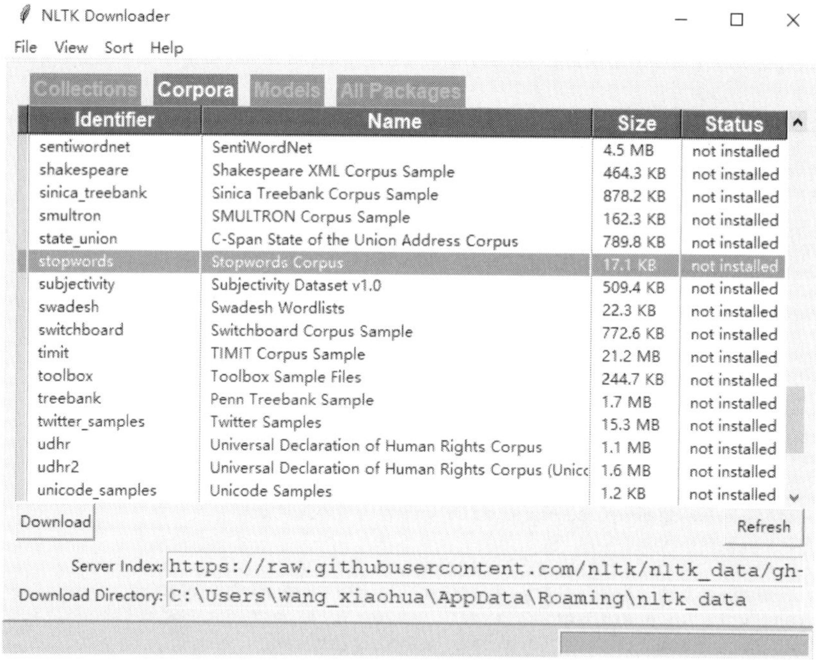

图 8.6　nltk 控制台

在 corpora 标签下选择左栏中的 stopwords,单击 Download 按钮(左下方)下载数据。验证方法如下:

```
stoplist = stopwords.words('english')
```

```
print(stoplist)
```

stoplist 将停用词获取到一个数组列表中,打印结果如图 8.7 所示。

['i', 'me', 'my', 'myself', 'we', 'our', 'ours', 'ourselves', 'you', "you're", "you've", "you'll", "you'd", 'your', 'yours', 'yourself', 'yourselves', 'he', 'him', 'his', 'himself', 'she', "she's", 'her', 'hers', 'herself', 'it', "it's", 'its', 'itself', 'they', 'them', 'their', 'theirs', 'themselves', 'what', 'which', 'who', 'whom', 'this', 'that', "that'll", 'these', 'those', 'am', 'is', 'are', 'was', 'were', 'be', 'been', 'being', 'have', 'has', 'had', 'having', 'do', 'does', 'did', 'doing', 'a', 'an', 'the', 'and', 'but', 'if', 'or', 'because', 'as', 'until', 'while', 'of', 'at', 'by', 'for', 'with', 'about', 'against', 'between', 'into', 'through', 'during', 'before', 'after', 'above', 'below', 'to', 'from', 'up', 'down', 'in', 'out', 'on', 'off', 'over', 'under', 'again', 'further', 'then', 'once', 'here', 'there', 'when', 'where', 'why', 'how', 'all', 'any', 'both', 'each', 'few', 'more', 'most', 'other', 'some', 'such', 'no', 'nor', 'not', 'only', 'own', 'same', 'so', 'than', 'too', 'very', 's', 't', 'can', 'will', 'just', 'don', "don't", 'should', "should've", 'now', 'd', 'll', 'm', 'o', 're', 've', 'y', 'ain', 'aren', "aren't", 'couldn', "couldn't", 'didn', "didn't", 'doesn', "doesn't", 'hadn', "hadn't", 'hasn', "hasn't", 'haven', "haven't", 'isn', "isn't", 'ma', 'mightn', "mightn't", 'mustn', "mustn't", 'needn', "needn't", 'shan', "shan't", 'shouldn', "shouldn't", 'wasn', "wasn't", 'weren', "weren't", 'won', "won't", 'wouldn', "wouldn't"]

图 8.7 停用词数据

下面就是将停用词数据加载到文本清洁器中,除此之外,由于英文文本的特殊性,单词会具有不同的变化和变形,例如,后缀'ing'和'ed'可以丢弃,'ies'可以用'y'替换等。这样可能会变成不是完整词的词干,但是只要这个词的所有形式都还原成同一个词干即可。NLTK 中对这部分词根还原的处理,可以使用这个函数:

```
PorterStemmer().stem(word)
```

整体代码如下:

```
def text_clear(text):
    text = text.lower()     #将文本转化成小写
    text = re.sub(r"[^a-z0-9]"," ",text)    #替换非标准字符,^是求反操作
    text = re.sub(r" +", " ", text) #替换多重空格
    text = text.strip() #取出首尾空格
    text = text.split(" ")
    text = [word for word in text if word not in stoplist]  #去除停用词
    text = [PorterStemmer().stem(word) for word in text]    #还原词干部分
    text.append("eos")                      #添加结束符
    text = ["bos"] + text                   #添加开始符
return text
```

这样生成的最终结果如图 8.8 所示。

['baghdad', 'reuters', 'daily', 'struggle', 'dodge', 'bullets', 'bombings', 'enough', 'many', 'iraqis', 'face', 'freezing'
['abuja', 'reuters', 'african', 'union', 'said', 'saturday', 'sudan', 'started', 'withdrawing', 'troops', 'darfur', 'ahead'
['beirut', 'reuters', 'syria', 'intense', 'pressure', 'quit', 'lebanon', 'pulled', 'security', 'forces', 'three', 'key', '
['karachi', 'reuters', 'pakistani', 'president', 'pervez', 'musharraf', 'said', 'stay', 'army', 'chief', 'reneging', 'pled
['red', 'sox', 'general', 'manager', 'theo', 'epstein', 'acknowledged', 'edgar', 'renteria', 'luxury', '2005', 'red', 'sox
['miami', 'dolphins', 'put', 'courtship', 'lsu', 'coach', 'nick', 'saban', 'hold', 'comply', 'nfl', 'hiring', 'policy', 'i

图 8.8 生成的数据

可以看到相对于未处理过的文本,获取的可以说是一个相对干净的文本数据。由于本书可能是采用卷积神经网络对数据处理的第一本教程,下面对文本的清洁处理步骤做个总结:

- **Tokenization**:将句子进行拆分,以单个词或者字符的形式予以存储,文本清洁函数中 text.split 函数执行的就是这个操作。

- **Normalization**：将词语正则化，lower 函数和 PorterStemmer 函数做了此方面的工作，将数据转为小写和还原词干。
- **Rare word replacement**：对于稀疏性较低的词将其进行替换，一般将词频小于 5 的替换成一个特殊的 Token <UNK>。Rare Word 如同噪声。故此法降噪并减少字典的大小。本文由于训练集和测试集中没有使用。
- **Add <BOS> <EOS>**：添加每个句子的开始和结束标识符。
- **Long Sentence Cut-Off or short Sentence Padding**：对于过长的句子进行截取，对过短的句子进行补全。

作者在处理的时候由于模型的需要，并没有完整地使用以上多个方面。在不同的项目中读者可以自行斟酌使用。

8.1.3 词向量训练模型 word2vec 使用介绍

word2vec（见图 8.9）是 Google 在 2013 年推出的一个 NLP 工具，它的特点是将所有的词向量化，这样词与词之间就可以定量地去度量它们之间的关系，挖掘词之间的联系。

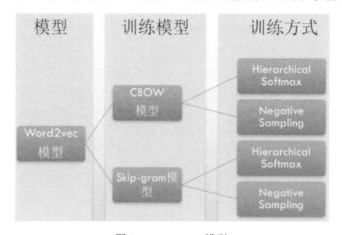

图 8.9　word2vec 模型

用词向量来表示词并不是 word2vec 的首创，在很久之前就出现了。最早的词向量非常冗长，它使用词向量维度大小作为整个词汇表的大小，对于每个具体的词汇表中的词，将对应的位置设置为 1。

例如 5 个词组成的词汇表，词 "Queen" 的序号为 2，那么它的词向量就是 (0,1,0,0,0)(0,1,0,0,0)。同样的道理，词"Woman"的词向量就是(0,0,0,1,0)(0,0,0,1,0)。这种词向量的编码方式一般叫作 1-of-N representation 或者 one-hot。

One-hot 用来表示词向量非常简单，但是存在很多问题。最大的问题是词汇表一般都非常大，比如达到百万级别，这样每个词都用百万维的向量来表示是基本不可能的。而且这样的向量其实除了一个位置是 1，其余的位置全部都是 0，表达的效率不高。将其使用在卷积神经网络中，会使得网络难以收敛。

word2vec 是一种可以解决 one-hot 的方法，它的思路是通过训练，将每个词都映射到一个较短的词向量上来。所有的这些词向量就构成了向量空间，进而可以用普通的统计学的方法来研究词与词之间的关系。

word2vec 具体的训练方法主要有 2 个部分：CBOW 模型和 Skip-gram 模型。

- CBOW 模型：CBOW（Continuous Bag-of-Word Model）又称连续词袋模型，是一个三层神经网络。如图 8.10 所示，该模型的特点是输入已知上下文，输出对当前单词的预测。
- Skip-gram 模型：Skip-gram 模型（见图 8.11）与 CBOW 模型正好相反，由当前词预测上下文词。

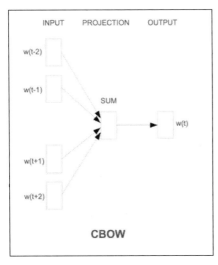

图 8.10 CBOW 模型

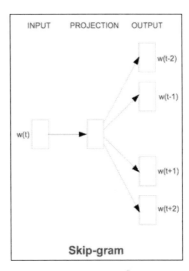

图 8.11 Skip-gram 模型

word2vec 更为细节的训练模型和训练方式这里不做讨论。本节将主要介绍训练一个可以获得和使用的 word2vec 向量。

词向量的模型训练有很多方法，最简单的方法是使用 Python 工具包中的 gensim 包对数据进行训练。

1. 第一步：训练 word2vec 模型

第一步是对词模型进行训练。代码非常简单：

```
from gensim.models import word2vec                    #导入 gensim 包
model = word2vec.Word2Vec(agnews_text,size=64, min_count = 0,window = 5)  #设置训练参数
model_name = "corpusWord2Vec.bin"                     #模型存储名
model.save(model_name)                                #将训练好的模型存储
```

首先在代码中导入 gensim 包，之后根据设置的参数对 word2vec 模型进行训练。这里解释一下 Word2Vec 的主要参数：

```
Word2Vec(sentences, workers=num_workers, size=num_features, min_count =
```

```
min_word_count, window = context, sample = downsampling, iter = 5)
```

其中，sentences 是输入数据，worker 是并行运行的线程数，size 是词向量的维数，min_count 是最小的词频，window 是上下文窗口大小，sample 是对频繁词汇下采样设置，iter 是循环的次数。如果不是有特殊要求，一般按默认值设置即可。

save 函数是将生成的模型进行存储以供后续使用。

2. 第二步：word2vec 模型的使用

模型的使用非常简单，代码如下：

```
text = "Prediction Unit Helps Forecast Wildfires"
text = tools.text_clear(text)
print(model[text].shape)
```

其中 text 是需要转换的文本，同样调用 text_clear 函数对文本进行清理。之后使用已训练好的模型对文本进行转换。转换后的文本内容如下：

```
['bos', 'predict', 'unit', 'help', 'forecast', 'wildfir', 'eos']
```

计算后的 word2vec 文本向量实际上是一个[7,64]大小的矩阵，部分内容如图 8.12 所示。

```
[[-2.30043262e-01   9.95051086e-01  -5.99774718e-01  -2.18779755e+00
  -2.42732501e+00   1.42853677e+00   4.19419765e-01   1.01147270e+00
   3.12305957e-01   9.40802813e-01  -1.26786101e+00   1.90110123e+00
  -1.00584543e+00   5.89528739e-01   6.55723274e-01  -1.54996490e+00
  -1.46146846e+00  -6.19645091e-03   1.97032082e+00   1.67241061e+00
   1.04563618e+00   3.28550845e-01   6.12566888e-01   1.49095607e+00
   7.72413433e-01  -8.21017563e-01  -1.71305871e+00   1.74249041e+00
   6.58117175e-01  -2.38789499e-01  -1.29177213e-01   1.35001493e+00
```

图 8.12　word2vec 文本向量

3. 第三步：对已有模型补充训练

模型训练完毕后，可以存储起来，但是随着要训练文档的增加，gensim 同样也提供了持续性训练模型的方法，代码如下：

```
from gensim.models import word2vec                    #导入 gensim 包
model = word2vec.Word2Vec.load('./corpusWord2Vec.bin')           #载入存储的模型
model.train(agnews_title, epochs=model.epochs,
total_examples=model.corpus_count) #继续模型训练
```

上面代码中，Word2Vec 提供了加载存储模型的函数。之后 train 函数继续对模型进行训练。可以看到在最初的训练集中，agnews_text 作为初始的训练文档，而 agnews_title 是后续训练部分，这样可以合在一起作为更多的训练文件进行训练。完整代码如下：

```
import csv
import tools
import numpy as np
agnews_label = []
```

```
agnews_title = []
agnews_text = []
agnews_train = csv.reader(open("./dataset/train.csv","r"))
for line in agnews_train:
    agnews_label.append(np.float32(line[0]))
    agnews_title.append(tools.text_clear(line[1]))
    agnews_text.append(tools.text_clear(line[2]))

print("开始训练模型")
from gensim.models import word2vec
model = word2vec.Word2Vec(agnews_text,size=64, min_count = 0,window = 5,iter=128)
model_name = "corpusWord2Vec.bin"
model.save(model_name)
from gensim.models import word2vec
model = word2vec.Word2Vec.load('./corpusWord2Vec.bin')
model.train(agnews_title, epochs=model.epochs,
total_examples=model.corpus_count)
```

模型的使用在第二步已经做了介绍，请读者自行完成。

对于需要训练的数据集和需要测试的数据集，一般而言是建议读者在使用的时候一起予以训练，这样才能够获得最好的语义标注。在现实工程中，对数据的训练往往都是有着极大的训练样本，文本容量能够达到几十甚至上百 G 的数据，因而不会产生词语缺失的问题，所以在实际工程中只需要在训练集上对文本进行训练即可。

8.1.4 文本主题的提取——基于 TF-IDF（选学）

对使用卷积神经网络处理文本分类来说，文本主题提取并不是必须的。

一般来说文本的提取主要涉及到以下几种：

- 基于 TF-IDF 的文本关键字提取。
- 基于 TextRank 的文本关键词提取。

此外，还有很多模型和方法能够帮助做文本抽取，特别是对大文本内容。本书由于篇幅关系，对这方面的内容并不展开描写，有兴趣的读者可以参考相关教程。下面先介绍基于 TF-IDF 的文本关键字提取。

1. 第一步：TF-IDF 简介

目标文本经过文本清洗和停用词的去除后，一般可以认为剩下的均为有着目标含义的词。如果需要对其特征做更进一步的提取，那么提取的应该是那些能够代表文章的元素，包括词、短语、句子、标点以及其他信息的词。从词的角度考虑，需要提取对文章表达贡献度大的词。

TF-IDF（见图 8.13）是一种用于资讯检索与咨询勘测的常用加权技术。TF-IDF 是一种统计方法，用来衡量一个词对一个文件集的重要程度。字词的重要性与其在文件中出现的次数成正比，而与其在文件集中出现的次数成反比。该算法在数据挖掘、文本处理和信息检索等领域得到了广泛的应用，最常见的应用即从一篇文章中提取文章的关键词。

TFIDF

For a term i in document j:

$$w_{i,j}=tf_{i,j}\times\log\left(\frac{N}{df_i}\right)$$

$tf_{i,j}$ = number of occurrences of i in j
df_i = number of documents containing i
N = total number of documents

图 8.13　TF-IDF 简介

TF-IDF 的主要思想是：如果某个词或短语在一篇文章中出现的频率 TF 高，并且在其他文章中很少出现，就认为此词或者短语具有很好的类别区分能力，适合用来分类。其中 TF（Term Frequency），表示词条在文章 Document 中出现的频率。

$$\text{词频}（TF）=\frac{\text{某个词在单个文本中出现的次数}}{\text{某个词在整个语料库中出现的次数}}$$

IDF（Inverse Document Frequency）的主要思想就是，如果包含某个词 Word 的文档越少，那这个词的区分度就越大，也就是 IDF 越大。

$$\text{逆文档频率}（IDF）=\log\left(\frac{\text{语料库的文本总数}}{\text{语料库中包含该词的文本数}+1}\right)$$

TF-IDF 的计算实际上就是 TF*IDF。

$$TF-IDF=\text{词频}\times\text{逆文档频率}=TF\times IDF$$

2. 第二步：TF-IDF 的实现

首先是 IDF 的计算，代码如下：

```
import math
def idf(corpus):   # corpus 为输入的全部语料文本库文件
    idfs = {}
    d = 0.0
    # 统计词出现次数
    for doc in corpus:
        d += 1
        counted = []
        for word in doc:
            if not word in counted:
```

```
            counted.append(word)
        if word in idfs:
            idfs[word] += 1
        else:
            idfs[word] = 1
# 计算每个词逆文档值
for word in idfs:
    idfs[word] = math.log(d/float(idfs[word]))
return idfs
```

下一步是使用计算好的 IDF 计算每个文档的 TF-IDF 值:

```
idfs = idf(agnews_text)     #获取计算好的文本中每个词的 idf 词频
for text in agnews_text:    #获取文档集中每个文档
    word_tfidf = {}
    for word in text:       #依次获取每个文档中的每个词
        if word in word_tfidf:        #计算每个词的词频
            word_tfidf[word] += 1
        else:
            word_tfidf[word] = 1
    for word in word_tfidf:
        word_tfidf[word] *= idfs[word]    #计算每个词的 TFIDF 值
```

计算 TFIDF 的完整代码如下:

```
import math
def idf(corpus):
    idfs = {}
    d = 0.0
    # 统计词出现次数
    for doc in corpus:
        d += 1
        counted = []
        for word in doc:
            if not word in counted:
                counted.append(word)
                if word in idfs:
                    idfs[word] += 1
                else:
                    idfs[word] = 1
    # 计算每个词逆文档值
    for word in idfs:
        idfs[word] = math.log(d/float(idfs[word]))
    return idfs
idfs = idf(agnews_text)     #获取计算好的文本中每个词的 idf 词频, agnews_text 是经过处理后
```

的语料库文档，在数据清洗一节中有详细介绍

```
for text in agnews_text:       #获取文档集中每个文档
    word_tfidf = {}
    for word in text:          #依次获取每个文档中的每个词
        if word in word_idf:   #计算每个词的词频
            word_tfidf[word] += 1
        else:
            word_tfidf[word] = 1
    for word in word_tfidf:
        word_tfidf[word] *= idfs[word]   # word_tfidf 为计算后的每个词的 TFIDF 值

    values_list = sorted(word_tfidf.items(), key=lambda item: item[1],
reverse=True) #按 value 排序
    values_list = [value[0] for value in values_list] #生成排序后的单个文档
```

3. 第三步：将重排的文档根据训练好的 word2vec 向量建立一个有限量的词矩阵

这一步请读者自行完成。

4. 第四步：将 TFIDF 单独定义一个类

将 TFIDF 的计算函数单独整合到一个类中，这样方便后续的使用，代码如下：

```
class TFIDF_score:
    def __init__(self,corpus,model = None):
        self.corpus = corpus
        self.model = model
        self.idfs = self.__idf()

    def __idf(self):
        idfs = {}
        d = 0.0
        # 统计词出现次数
        for doc in self.corpus:
            d += 1
            counted = []
            for word in doc:
                if not word in counted:
                    counted.append(word)
                    if word in idfs:
                        idfs[word] += 1
                    else:
                        idfs[word] = 1
        # 计算每个词逆文档值
        for word in idfs:
            idfs[word] = math.log(d / float(idfs[word]))
```

```
        return idfs

def __get_TFIDF_score(self, text):
    word_tfidf = {}
    for word in text:    # 依次获取每个文档中的每个词
        if word in word_tfidf:    # 计算每个词的词频
            word_tfidf[word] += 1
        else:
            word_tfidf[word] = 1
    for word in word_tfidf:
        word_tfidf[word] *= self.idfs[word]    # 计算每个词的 TFIDF 值
    values_list = sorted(word_tfidf.items(), key=lambda word_tfidf:
word_tfidf[1], reverse=True)    #将 TFIDF 数据按重要程度从大到小排序
    return values_list

def get_TFIDF_result(self,text):
    values_list = self.__get_TFIDF_score(text)
    value_list = []
    for value in values_list:
        value_list.append(value[0])
    return (value_list)
```

使用方法如下:

```
tfidf = TFIDF_score(agnews_text)    #agnews_text 为获取的数据集
for line in agnews_text:
    value_list = tfidf.get_TFIDF_result(line)
    print(value_list)
    print(model[value_list])
```

其中 agnews_text 是从文档中获取的正文数据集,也可以使用标题或者文档进行处理。

8.1.5 文本主题的提取——基于 TextRank(选学)

TextRank 算法的核心思想来源于著名的网页排名算法 PageRank。PageRank(见图 8.14)是 Sergey Brin 与 Larry Page 于 1998 年在 WWW7 会议上提出来的,用来解决链接分析中网页排名的问题。在衡量一个网页的排名时,可以根据感觉认为:

- 当一个网页被更多网页所链接时,其排名会越靠前。
- 排名高的网页应具有更大的表决权,即当一个网页被排名高的网页所链接时,其重要性也应对应提高。

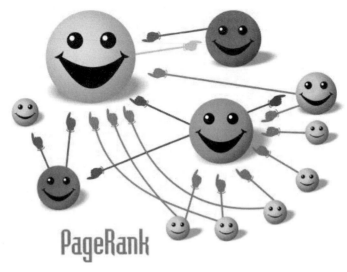

图 8.14 PageRank 算法

TextRank 算法（见图 8.15）与 PageRank 类似，其将文本拆分成最小组成单元，即词汇，作为网络节点，组成词汇网络图模型。TextRank 在迭代计算词汇权重时与 PageRank 一样，理论上是需要计算边权的，但是为了简化计算，通常会默认相同的初始权重，以及在分配相邻词汇权重时进行均分。

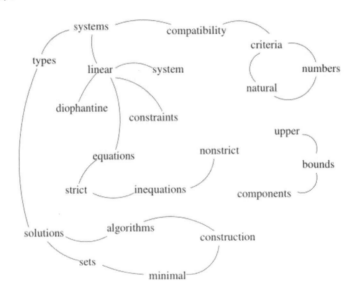

图 8.15 TextRank 算法

1. 第一步：TextRank 前置介绍

TextRank 用于对文本关键词进行提取，步骤如下：

- 把给定的文本 T 按照完整句子进行分割。
- 对每个句子，进行分词和词性标注处理，并过滤掉停用词，只保留指定词性的单词，如名词、动词、形容词等。
- 构建候选关键词图 G = (V,E)，其中 V 为节点集，由每个词之间的相似度作为连接的边值。
- 根据上面公式，迭代传播各节点的权重，直至收敛。

$$WS(V_i) = (1-d) + d * \sum_{V_j \in In(V_i)} \frac{w_{ji}}{\sum_{V_k \in Out(V_j)} w_{jk}} WS(V_j)$$

对节点权重进行倒序排序，作为按重要程度排列的关键词。

2. 第二步：TextRank 类的实现

整体 TextRank 的实现如下所示：

```python
class TextRank_score:
    def __init__(self,agnews_text):
        self.agnews_text = agnews_text
        self.filter_list = self.__get_agnews_text()
        self.win = self.__get_win()
        self.agnews_text_dict = self.__get_TextRank_score_dict()

    def __get_agnews_text(self):
        sentence = []
        for text in self.agnews_text:
            for word in text:
                sentence.append(word)
        return sentence

    def __get_win(self):
        win = {}
        for i in range(len(self.filter_list)):
            if self.filter_list[i] not in win.keys():
                win[self.filter_list[i]] = set()
            if i - 5 < 0:
                lindex = 0
            else:
                lindex = i - 5
            for j in self.filter_list[lindex:i + 5]:
                win[self.filter_list[i]].add(j)
        return win
    def __get_TextRank_score_dict(self):
        time = 0
        score = {w: 1.0 for w in self.filter_list}
```

```
        while (time < 50):
            for k, v in self.win.items():
                s = score[k] / len(v)
                score[k] = 0
                for i in v:
                    score[i] += s
            time += 1
        agnews_text_dict = {}
        for key in score:
            agnews_text_dict[key] = score[key]
        return agnews_text_dict

    def __get_TextRank_score(self, text):
        temp_dict = {}
        for word in text:
            if word in self.agnews_text_dict.keys():
                temp_dict[word] = (self.agnews_text_dict[word])
        values_list = sorted(temp_dict.items(), key=lambda word_tfidf: word_tfidf[1],
                             reverse=False)   # 将TextRank数据按重要程度从大到小排序
        return values_list
    def get_TextRank_result(self,text):
        temp_dict = {}
        for word in text:
            if word in self.agnews_text_dict.keys():
                temp_dict[word] = (self.agnews_text_dict[word])
        values_list = sorted(temp_dict.items(), key=lambda word_tfidf: word_tfidf[1], reverse=False)
        value_list = []
        for value in values_list:
            value_list.append(value[0])
        return (value_list)
```

TextRank 是另外一种能够实现关键词抽取的方法。此外，还有基于相似度聚类以及其他一些方法。相对于本书对应的数据集来说，对于文本的提取并不是必须的。

8.2 针对文本的卷积神经网络模型简介——字符卷积

卷积神经网络在图像处理领域获得了极大的成功，其结合特征提取和目标训练为一体的模型，能够最好地利用已有的信息对结果进行反馈训练。

对文本识别的卷积神经网络来说，同样也是充分利用特征提取时提取的文本特征，来计算文本特征权值大小，归一化处理需要处理的数据。这样使得原来的文本信息抽象成一个向量化的样本集，之后将样本集和训练好的模板输入卷积神经网络进行处理。

本节将在上一节的基础上使用卷积神经网络实现文本分类的问题。这里将采用两种主要基于字符的和基于 wordEmbedding 形式的词卷积神经网络处理方法。实际上无论是基于字符的还是 wordEmbedding 形式的处理方式都是可以相互转换的，这里只介绍基本模型和方法的使用，更多的应用还需要读者自行挖掘和设计。

8.2.1 字符（非单词）文本的处理

本小节将介绍基于字符的 CNN 处理方法（见图 8.16）。基于单词的卷积处理内容将在下一节介绍，请读者循序渐进学习。

任何一个英文单词都是由字母构成的，因此可以简单地将英文单词拆分成字母的表示形式，

```
hello -> ["h","e","l","l","o"]
```

这样可以看到一个单词"hello"被人为的拆分成"h"、"e"、"l"、"l"、"o"这5个字母。此时，对 Hello 的处理有 2 种方法，即采用 one-hot 的方式和采用字符 embedding 的方式处理。这样的话，"hello"这个单词就被转成一个[5,n]大小的矩阵（本例中采用 one-hot 的方式处理）。

对模型的说明。对于使用卷积神经网络计算字符矩阵，每个单词拆分成的数据根据不同的长度对其进行卷积处理，以提取出高层抽象概念。这样做的好处是不需要使用预训练好的词向量和语法句法结构等信息。此外，字符级还有一个好处就是可以很容易地推广到所有语言。

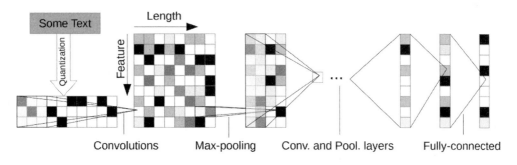

图 8.16　使用 CNN 处理字符文本分类

1. 第一步：标题文本的读取与转化

对于 Agnews 数据集来说，每个分类的文本条例既有对应的分类，也有标题和文本内容。对于文本内容的抽取，在上一节的选学内容中也有介绍，这里采用直接使用标题文本的方法进行处理（见图 8.17）。

```
3 Money Funds Fell in Latest Week (AP)
3 Fed minutes show dissent over inflation (USATODAY.com)
3 Safety Net (Forbes.com)
3 Wall St. Bears Claw Back Into the Black
3 Oil and Economy Cloud Stocks' Outlook
3 No Need for OPEC to Pump More-Iran Gov
3 Non-OPEC Nations Should Up Output-Purnomo
3 Google IPO Auction Off to Rocky Start
3 Dollar Falls Broadly on Record Trade Gap
3 Rescuing an Old Saver
3 Kids Rule for Back-to-School
3 In a Down Market, Head Toward Value Funds
```

图 8.17　AG_news 标题文本

读取标题和 label 的程序请读者参考上一节"文本数据处理"的内容自行完成。由于只是对文本标题进行处理，因此在做数据清洗的时候，不用处理停用词和进行词干还原，并且由于是字符计算，因此对于空格不需保留空格而直接删除即可。完整代码如下：

```
def text_clearTitle(text):
    text = text.lower()    #将文本转化成小写
    text = re.sub(r"[^a-z]"," ",text)    #替换非标准字符，^是求反操作。
    text = re.sub(r" +", " ", text) #替换多重空格
    text = text.strip()    #取出首尾空格
    text = text + " eos"                      #添加结束符，请注意，eos 前面有一个空格
return text
```

这样获取的结果如图 8.18 所示。

```
wal mart dec sales still seen up pct eos
sabotage stops iraq s north oil exports eos
corporate cost cutters miss out eos
murdoch will shell out mil for manhattan penthouse eos
au says sudan begins troop withdrawal from darfur reuters eos
insurgents attack iraq election offices reuters eos
syria redeploys some security forces in lebanon reuters eos
security scare closes british airport ap eos
iraqi judges start quizzing saddam aides ap eos
musharraf says won t quit as army chief reuters eos
```

图 8.18　AG_news 标题文本抽取结果

可以看到，不同的标题被整合成一系列可能对于人类来说没有任何表示意义的字符。

2. 第二步：文本的 one-hot 处理

下面将生成的字符串进行 one-hot 处理，处理的方式非常简单，首先建立一个 26 个字母的字符表：

```
alphabet_title = "abcdefghijklmnopqrstuvwxyz"
```

将字符串中的字符按字符表中的所处的字符序号进行编码后，根据提取的位置将对应的字符位置设置成 1，其他为 0，例如字符"c"在字符表中第三个，那么获取的字符矩阵为：

```
[0,0,1,0,0,0,0,0,0,0,0,0,0,0,0,0,0,0,0,0,0,0,0,0,0,0]
```

其他的类似，代码如下：

```
def get_one_hot(list):
values = np.array(list)
n_values = len(alphabet_title) + 1
return np.eye(n_values)[values]
```

这段代码的作用就是将生成的字符序列转换成矩阵，如图 8.19 所示。

```
                    [[0. 1. 0. 0. 0. 0. 0. 0. 0. 0. 0. 0. 0. 0. 0. 0. 0. 0. 0. 0. 0. 0. 0. 0.
                      0. 0. 0.]
                     [0. 0. 1. 0. 0. 0. 0. 0. 0. 0. 0. 0. 0. 0. 0. 0. 0. 0. 0. 0. 0. 0. 0. 0.
                      0. 0. 0.]
                     [0. 0. 0. 1. 0. 0. 0. 0. 0. 0. 0. 0. 0. 0. 0. 0. 0. 0. 0. 0. 0. 0. 0. 0.
                      0. 0. 0.]
                     [0. 0. 0. 0. 1. 0. 0. 0. 0. 0. 0. 0. 0. 0. 0. 0. 0. 0. 0. 0. 0. 0. 0. 0.
                      0. 0. 0.]
                     [0. 0. 0. 0. 0. 1. 0. 0. 0. 0. 0. 0. 0. 0. 0. 0. 0. 0. 0. 0. 0. 0. 0. 0.
                      0. 0. 0.]
                     [0. 0. 0. 0. 0. 0. 1. 0. 0. 0. 0. 0. 0. 0. 0. 0. 0. 0. 0. 0. 0. 0. 0. 0.
                      0. 0. 0.]
 [1,2,3,4,5,6,0]  -> [1. 0. 0. 0. 0. 0. 0. 0. 0. 0. 0. 0. 0. 0. 0. 0. 0. 0. 0. 0. 0. 0. 0. 0.
                      0. 0. 0.]]
```

图 8.19　字符转化矩阵示意图

下一步就是将字符串按字符表中的顺序转换成数字序列，代码如下：

```
def get_char_list(string):
    alphabet_title = "abcdefghijklmnopqrstuvwxyz"
    char_list = []
    for char in string:
        num = alphabet_title.index(char)
        char_list.append(num)
    return char_list
```

这样生成的结果如下：

```
hello -> [7, 4, 11, 11, 14]
```

将代码段整合在一起，最终结果如下：

```
def get_one_hot(list,alphabet_title = None):
    if alphabet_title == None:              #设置字符集
        alphabet_title = "abcdefghijklmnopqrstuvwxyz"
    else:alphabet_title = alphabet_title
    values = np.array(list)                 #获取字符数列
    n_values = len(alphabet_title) + 1      #获取字符表长度
    return np.eye(n_values)[values]

def get_char_list(string,alphabet_title = None):
    if alphabet_title == None:
        alphabet_title = "abcdefghijklmnopqrstuvwxyz"
    else:alphabet_title = alphabet_title
```

```
    char_list = []
    for char in string:                              #获取字符串中字符
        num = alphabet_title.index(char)             #获取对应位置
        char_list.append(num)                        #组合位置编码
    return char_list
#主代码
def get_string_matrix(string):
    char_list = get_char_list(string)
    string_matrix = get_one_hot(char_list)
    return string_matrix
```

生成的结果如图 8.20 所示。

```
[[0. 0. 0. 0. 0. 0. 0. 1. 0. 0. 0. 0. 0. 0. 0. 0. 0. 0. 0. 0. 0. 0. 0.
  0. 0. 0.]
 [0. 0. 0. 0. 1. 0. 0. 0. 0. 0. 0. 0. 0. 0. 0. 0. 0. 0. 0. 0. 0. 0. 0.
  0. 0. 0.]
 [0. 0. 0. 0. 0. 0. 0. 0. 0. 0. 0. 1. 0. 0. 0. 0. 0. 0. 0. 0. 0. 0. 0.
  0. 0. 0.]
 [0. 0. 0. 0. 0. 0. 0. 0. 0. 0. 0. 1. 0. 0. 0. 0. 0. 0. 0. 0. 0. 0. 0.
  0. 0. 0.]
 [0. 0. 0. 0. 0. 0. 0. 0. 0. 0. 0. 0. 0. 0. 1. 0. 0. 0. 0. 0. 0. 0. 0.
  0. 0. 0.]]
```

图 8.20　转换字符串并做 one_hot 处理

可以看到，单词 "hello" 被转换成一个 [5,26] 大小的矩阵，供下一步处理。但是这里又产生一个新的问题，对于不同长度的字符串，组成的矩阵行长度不同。虽然卷积神经网络可以处理具有不同长度的字符串，但是在本例中还是以相同大小的矩阵作为数据输入进行计算的。

3. 第三步：生成文本的矩阵的细节处理，矩阵补全

这一步就是根据文本标题生成 one-hot 矩阵，而上一步中的矩阵生成 one-hot 矩阵函数，读者可以自行将其变更成类使用，这样能够在使用时更加简易和便捷。此处我们将使用单独的函数也就是上一步写的函数引入使用。

```
import csv
import numpy as np
import tools
agnews_title = []
agnews_train = csv.reader(open("./dataset/train.csv","r"))
for line in agnews_train:
    agnews_title.append(tools.text_clearTitle(line[1]))
for title in agnews_title:
    string_matrix = tools.get_string_matrix(title)
    print(string_matrix.shape)
```

打印结果如图 8.21 所示。

```
(51, 28)
(59, 28)
(44, 28)
(47, 28)
(51, 28)
(91, 28)
(54, 28)
(42, 28)
```

图 8.21　补全后的矩阵维度

可以看到，生成的文本矩阵被整形成一个有一定大小规则的矩阵输出。但是这里又出现了一个新的问题，对于不同长度的文本，单词和字母的多少并不是固定的，虽然对于全卷积神经网络来说，输入的数据维度可以不统一和不固定，但是还是要对其进行处理。

对于不同长度的矩阵处理，一个简单的思路就是将其进行规范化，长的截短，短的补长。本文的思路也是如此，代码如下：

```python
def get_handle_string_matrix(string,n = 64):       # n 为设定的长度，可以在根据需要修正
    string_length= len(string)                     #获取字符串长度
    if string_length > 64:                         #判断是否大于 64，
        string = string[:64]                       #长度大于 64 的字符串予以截短
        string_matrix = get_string_matrix(string)  #获取文本矩阵
        return string_matrix
    else:   #对于长度不够的字符串
        string_matrix = get_string_matrix(string)  #获取字符串矩阵
        handle_length = n - string_length          #获取需要补全的长度
        pad_matrix = np.zeros([handle_length,28])  #使用全 0 矩阵进行补全
        string_matrix = np.concatenate([string_matrix,pad_matrix],axis=0)  #将字符
矩阵和全 0 矩阵进行叠加，将全 0 矩阵叠加到字符矩阵后面
        return string_matrix
```

代码分成两部分，首先是对不同长度的字符进行处理，对长度大于 64 的字符截取前部分进行矩阵获取，64 是人为设定的大小，也可以根据需要对其自由修改。

而对长度不达 64 的字符串，则需要进行补全，生成由余数构成的全 0 矩阵对生成矩阵进行处理。

这样经过修饰后的代码如下：

```python
import csv
import numpy as np
import tools
agnews_title = []
agnews_train = csv.reader(open("./dataset/train.csv","r"))
for line in agnews_train:
    agnews_title.append(tools.text_clearTitle(line[1]))
for title in agnews_title:
```

```
string_matrix = tools. get_handle_string_matrix (title)
print(string_matrix.shape)
```

打印结果如图 8.22 所示。

```
(64, 28)
(64, 28)
(64, 28)
(64, 28)
(64, 28)
(64, 28)
(64, 28)
(64, 28)
```

图 8.22 标准化补全后的矩阵维度

4. 第四步：标签的 one-hot 矩阵构建

对于分类的表示，同样可以使用处理矩阵的 one-hot 方法对其分类做出分类重构，代码如下：

```
def get_label_one_hot(list):
    values = np.array(list)
    n_values = np.max(values) + 1
    return np.eye(n_values)[values]
```

仿照文本的 one-hot 函数，根据传进来的序列化参数对列表进行重构，形成一个新的 one-hot 矩阵，从而能够反应出不同的类别。

5. 第五步：数据集的构建

通过准备文本数据集，将文本进行清洗，去除不相干的词提取主干并根据需要设定矩阵维度和大小，全部代码如下（tools 代码为上文分布代码，在主代码后部位）：

```
import csv
import numpy as np
import tools
agnews_label = []      #空标签列表
agnews_title = []      #空文本标题文档
agnews_train = csv.reader(open("./dataset/train.csv","r")) #读取数据集
for line in agnews_train:     #分行迭代文本数据
    agnews_label.append(np.int(line[0]))      #将标签读入标签列表
    agnews_title.append(tools.text_clearTitle(line[1])) #将文本读入
train_dataset = []
for title in agnews_title:
    string_matrix = tools.get_handle_string_matrix(title)     #构建文本矩阵
    train_dataset.append(string_matrix)      #将文本矩阵读取训练列表
train_dataset = np.array(train_dataset)      #将原生的训练列表转换成 numpy 格式
```

```
label_dataset = tools.get_label_one_hot(agnews_label)   #将label列表转换成one-hot
格式
```

这里首先通过 csv 库获取全文本数据，之后逐行将文本和标签读入，分别将其转化成 one-hot 矩阵后，利用 NumPy 库将对应的列表转换成 NumPy 格式。结果如图 8.23 所示。

```
(120000, 64, 28)
(120000, 5)
```

图 8.23　标准化转换后的 AG_news

这里分别生成了训练集数量数据和标签数据的 one-hot 矩阵列表，训练集的维度为 [12000,64,28]，第一个数字是总的样本数，第 2 和 3 个数字分别为生成的矩阵维度。

标签数据为一个二维矩阵，12000 是样本的总数，5 是类别。读者可能会提出疑问，明明只有 4 个类别为什么会出现 5 个。因为 one-hot 是从 0 开始，而标签的分类是从 1 开始，因此会自动生成一个 0 的标签。这一点请读者自行处理。全部 tools 函数如下，读者可以自行将其改成类的形式进行处理。

```
import re
from nltk.corpus import stopwords
from nltk.stem.porter import PorterStemmer
import numpy as np

#对英文文本做数据清洗
stoplist = stopwords.words('english')
def text_clear(text):
    text = text.lower()                                      #将文本转化成小写
    text = re.sub(r"[^a-z]"," ",text)                        #替换非标准字符，^是求反操作。
    text = re.sub(r" +", " ", text)                          #替换多重空格
    text = text.strip()                                      #取出首尾空格
    text = text.split(" ")
    text = [word for word in text if word not in stoplist]   #去除停用词
    text = [PorterStemmer().stem(word) for word in text]     #还原词干部分
    text.append("eos")                                       #添加结束符
    text = ["bos"] + text                                    #添加开始符
    return text                                              #对标题进行处理
def text_clearTitle(text):
    text = text.lower()                                      #将文本转化成小写
    text = re.sub(r"[^a-z]"," ",text)                        #替换非标准字符，^是求反操作。
    text = re.sub(r" +", " ", text)                          #替换多重空格
    #text = re.sub(" ", "", text)                            #替换隔断空格
    text = text.strip()                                      #取出首尾空格
    text = text + " eos"                                     #添加结束符
return text                                                  #生成标题的one-hot标签
```

```python
def get_label_one_hot(list):
    values = np.array(list)
    n_values = np.max(values) + 1
    return np.eye(n_values)[values]
#生成文本的one-hot矩阵
def get_one_hot(list,alphabet_title = None):
    if alphabet_title == None:                      #设置字符集
        alphabet_title = "abcdefghijklmnopqrstuvwxyz "
    else:alphabet_title = alphabet_title
    values = np.array(list)                         #获取字符数列
    n_values = len(alphabet_title) + 1              #获取字符表长度
    return np.eye(n_values)[values]
#获取文本在词典中位置列表
def get_char_list(string,alphabet_title = None):
    if alphabet_title == None:
        alphabet_title = "abcdefghijklmnopqrstuvwxyz "
    else:alphabet_title = alphabet_title
    char_list = []
    for char in string:                             #获取字符串中字符
        num = alphabet_title.index(char)            #获取对应位置
        char_list.append(num)                       #组合位置编码
    return char_list
#生成文本矩阵
def get_string_matrix(string):
    char_list = get_char_list(string)
    string_matrix = get_one_hot(char_list)
    return string_matrix
#获取补全后的文本矩阵
def get_handle_string_matrix(string,n = 64):
    string_length= len(string)
    if string_length > 64:
        string = string[:64]
        string_matrix = get_string_matrix(string)
        return string_matrix
    else:
        string_matrix = get_string_matrix(string)
        handle_length = n - string_length
        pad_matrix = np.zeros([handle_length,28])
        string_matrix = np.concatenate([string_matrix,pad_matrix],axis=0)
        return string_matrix]
#获取数据集
def get_dataset():
    agnews_label = []
```

```
agnews_title = []
agnews_train = csv.reader(open("./dataset/train.csv","r"))
for line in agnews_train:
    agnews_label.append(np.int(line[0]))
    agnews_title.append(text_clearTitle(line[1]))
train_dataset = []
for title in agnews_title:
    string_matrix = get_handle_string_matrix(title)
    train_dataset.append(string_matrix)
train_dataset = np.array(train_dataset)
label_dataset = get_label_one_hot(agnews_label)
return train_dataset,label_dataset
```

8.2.2 卷积神经网络文本分类模型的实现——Conv1D（一维卷积）

对文本的数据集处理完毕后，下面进入了基于卷积神经网络的分辨模型设计，模型的设计有多种多样，如图8.24所示。

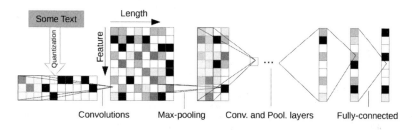

图 8.24 使用 CNN 处理字符文本分类

如同上图的设计，作者根据类似的模型设计了一个有 5 层神经网络构成的文本分类模型，如表 8.1 所示。

表 8.1 5 层神经网络构成的文本分类模型

1	Conv 3x3 1x1
2	Conv 5x5 1x1
3	Conv 3x3 1x1
4	full_connect 512
5	full_connect 5

这里使用 5 层神经网络，前 3 个是基于一维的卷积神经网络，后 2 个全连接层用于分类任务，代码如下：

```
def char_CNN():
    xs = tf.keras.Input([])
    conv_1 = tf.keras.layers.Conv1D( 1, 3,activation=tf.nn.relu)(xs)        # 第一层卷积
    conv_1 = tf.keras.layers.BatchNormalization(conv_1)
```

```
    conv_2 = tf.keras.layers.Conv1D( 1, 5,activation=tf.nn.relu)(conv_1)    # 第
一层卷积
    conv_2 = tf.keras.layers.BatchNormalization(conv_2)
    conv_3 = tf.keras.layers.Conv1D( 1, 5,activation=tf.nn.relu)(conv_2)    # 第
一层卷积
    conv_3 = tf.keras.layers.BatchNormalization(conv_3)
    flatten = tf.keras.layers.Flatten()(conv_3)
    fc_1 = tf.keras.layers.Dense( 512,activation=tf.nn.relu)(flatten)
    # 全连接网络
    logits = tf.keras.layers.Dense(5,activation=tf.nn.softmax)(fc_1)
    model = tf.keras.Model(inputs=xs, outputs=logits)
    return model
```

上面是完整的训练模型,训练代码如下:

```
import csv
import numpy as np
import tools
import tensorflow as tf
from sklearn.model_selection import train_test_split
train_dataset,label_dataset = tools.get_dataset()
X_train,X_test, y_train, y_test =
train_test_split(train_dataset,label_dataset,test_size=0.1, random_state=217)
#将数据集划分为训练集和测试集
batch_size = 12
train_data =
tf.data.Dataset.from_tensor_slices((X_train,y_train)).batch(batch_size)

model = tools.char_CNN() # 使用模型进行计算
model.compile(optimizer=tf.optimizers.Adam(1e-3),
loss=tf.losses.categorical_crossentropy,metrics = ['accuracy'])
model.fit(train_data, epochs=1)
score = model.evaluate(X_test, y_test)
print("last score:",score)
```

首先是获取完整的数据集,之后通过 train_test_split 函数对数据集进行划分,将数据分为训练集和测试集。模型的计算和损失函数的优化和传统的 TensorFlow 方法类似,这里就不再多做阐述。最终结果请读者自行完成。

需要说明的是,这里的模型也是一个较为简易的、基于短文本分类的文本分类模型,效果并不太好,仅仅起到一个抛砖引玉的作用。

8.3 针对文本的卷积神经网络模型简介——词卷积

使用字符卷积对文本分类是可行的，但是相对于词来说，字符包含的信息并没有"词"的内容较多，即使卷积神经网络能够较好地对数据信息进行学习，但是由于包含的内容关系，其最终效果也只能差强人意。

在字符卷积的基础上，研究人员尝试使用词为基础数据对文本进行处理。

一般实际读写中，短文本用于表达较为集中的思想，文本长度有限、结构紧凑、能够独立表达意思，因此可以使用基于词卷积的神经网络对数据进行处理，如图 8.25 所示。

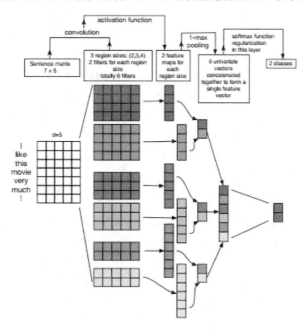

图 8.25　使用 CNN 做词卷积模型

8.3.1　单词的文本处理

首先是对文本的处理，使用卷积神经网络对单词进行处理一个最基本的要求就是，将文本转换成计算机可以识别的数据。在上一节的学习中，使用卷积神经网络对字符的 one-hot 矩阵进行分析处理。一个简单的想法也是是否将文本中的单词依旧处理成 one-hot 矩阵进行处理。

使用 one-hot（见图 8.26）对单词进行表示从理论上可行，但是在事实中并不是一种可行方案，对于基于字符的 one-hot 方案来说，所有的字符会在一个相对合适的字库中选取，例如从 26 个字母或者其他一些常用的字符，那么总量并不会很多（通常少于 128 个）。因此组成的矩阵也不会很大。

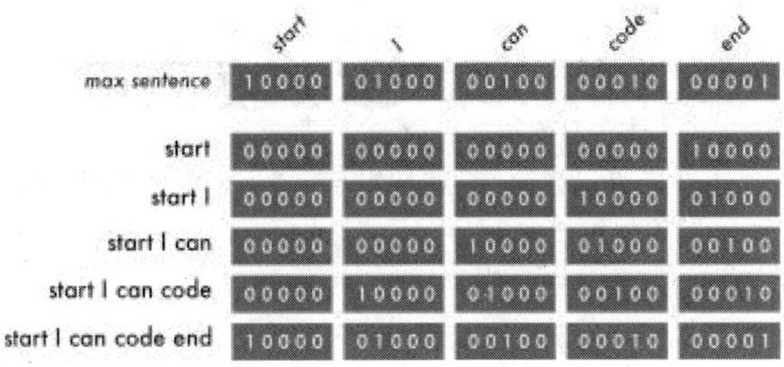

图 8.26 词的 one_hot 处理

但是对于单词来说,常用的英文单词或者中文词语一般在 5000 左右,因此建立一个稀疏的、庞大的 one-hot 矩阵是一个不切实际的想法。

目前有一个较好的解决方法就是使用 word2vec 的 wordEmbedding 方法,这样可以通过学习将字库中的词转换成维度一定的向量,作为卷积神经网络的计算依据。本节的处理和计算依旧使用文本标题作为处理的目标。单词的词向量的建立步骤如下。

1. 第一步:分词模型的处理

首先对读取的数据进行分词处理,与 one-hot 的数据读取类似,首先对文本进行清理,去除停用词和标准化文本,但是需要注意,对于 word2vec 训练模型来说,需要输入若干个词列表,因此需要对获取的文本进行分词,转换成数组的形式存储。

```
def text_clearTitle_word2vec(text):
    text = text.lower()                      #将文本转化成小写
    text = re.sub(r"[^a-z]"," ",text)        #替换非标准字符,^是求反操作。
    text = re.sub(r" +", " ", text)          #替换多重空格
    text = text.strip()                      #取出首尾空格
    text = text + " eos"                     #添加结束符,注意 eos 前有空格
    text = text.split(" ")                   #对文本分词转成列表存储
    return text
```

代码请读者自行验证。

2. 第二步:分词模型的训练与载入

下面一步是对分词模型的训练与载入,基于已有的分词数组对不同维度的矩阵分别处理。需要注意,对于 word2vec 词向量来说,如果简单地将待补全的矩阵用全 0 矩阵补全是不合适的,因此最好的方法就是将 0 矩阵修改为一个非常小的常数矩阵即可。

代码如下:

```
def get_word2vec_dataset(n = 12):
    agnews_label = []                        #创建标签列表
    agnews_title = []                        #创建标题列表
    agnews_train = csv.reader(open("./dataset/train.csv", "r"))
    for line in agnews_train:                #将数据读取对应列表中
```

```
        agnews_label.append(np.int(line[0]))
        agnews_title.append(text_clearTitle_word2vec(line[1]))    #先将数据进行清洗
之后再读取
    from gensim.models import word2vec          # 导入 gensim 包
    model = word2vec.Word2Vec(agnews_title, size=64, min_count=0, window=5)   # 设
置训练参数
    train_dataset = []                          #创建训练集列表
    for line in agnews_title:                   #对长度进行判定
        length = len(line)                      #获取列表长度
        if length > n:                          #对列表长度进行判断
            line = line[:n]                     #截取需要的长度列表
            word2vec_matrix = (model[line])     #获取 word2vec 矩阵
            train_dataset.append(word2vec_matrix)#将 word2vec 矩阵添加到训练集中
        else:                                   #补全长度不够的操作
            word2vec_matrix = (model[line])     #获取 word2vec 矩阵
            pad_length = n - length             #获取需要补全的长度
            pad_matrix = np.zeros([pad_length, 64]) + 1e-10   #创建补全矩阵并增加一
个小数值
            word2vec_matrix = np.concatenate([word2vec_matrix, pad_matrix], axis=0)
#矩阵补全
            train_dataset.append(word2vec_matrix)   #将 word2vec 矩阵添加到训练集中
    train_dataset = np.expand_dims(train_dataset,3)     #将三维矩阵进行扩展
    label_dataset = get_label_one_hot(agnews_label)     #转换成 onehot 矩阵
    return train_dataset, label_dataset
```

最终结果如图 8.27 所示。

```
(120000, 12, 64, 1)
(120000, 5)
```

图 8.27 次卷积处理后的 AG_news 数据集

> **注 意**
>
> 倒数第 3 行代码是对三维矩阵进行扩展，在不改变具体数值大小的前提下，扩展了矩阵的维度，这样是为下一步使用二维卷积对文本进行分类做数据准备。

8.3.2 卷积神经网络文本分类模型的实现——Conv2D（二维卷积）

图 8.28 所示是对卷积神经网络进行设计。

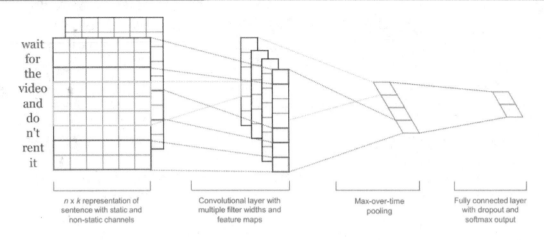

图 8.28 使用二维卷积进行文本分类任务

模型的思想很简单，根据输入的已转化成 wordEmbedding 形式的词矩阵，通过不同的卷积提取不同的长度进行二维卷积计算，将最终的计算值进行链接，之后经过池化层获取不同矩阵均值，最后通过一个全连接层对其进行分类。

```python
def word2vec_CNN():
    xs = tf.keras.Input([None,None])
    conv_3 = tf.keras.layers.Conv2D(12, [3, 64],activation=tf.nn.relu)(xs)    # 设置卷积核大小为[3,64]通道为12 的卷积计算

    conv_5 = tf.keras.layers.Conv2D(12, [5, 64],activation=tf.nn.relu)(conv_3)    # 设置卷积核大小为[3,64]通道为12 的卷积计算
    conv_7 = tf.keras.layers.Conv2D(12, [7, 64],activation=tf.nn.relu)(conv_5)    # 设置卷积核大小为[3,64]通道为12 的卷积计算
    # 下面是分别对卷积计算的结果进行池化处理，将池化处理的结果转成二维结构
    conv_3_mean = tf.keras.layers.Flatten(tf.reduce_max(conv_3, axis=1, keep_dims=True))
    conv_5_mean = tf.keras.layers.Flatten(tf.reduce_max(conv_5, axis=1, keep_dims=True))
    conv_7_mean = tf.keras.layers.Flatten(tf.reduce_max(conv_7, axis=1, keep_dims=True))
    flatten = tf.concat([conv_3_mean, conv_5_mean, conv_7_mean], axis=1)    # 连接多个卷积值
    fc_1 = tf.keras.layers.Dense(128,activation=tf.nn.relu)(flatten)    # 采用全连接层进行分类
    logits = tf.keras.layers.Dense(5,activation=tf.nn.softmax)(fc_1)    # 获取分类数据
    model = tf.keras.Model(inputs=xs, outputs=logits)
    return model
```

模型使用了不同的卷积核生成了 12 个通道的卷积计算值,池化以后将数据拉伸并连接为平整结构,之后 2 个全连接层做出分类,预测最终结果。

文本分类模型所需要的 tools 函数如下所示:

```
import re
import csv
import tensorflow as tf
#文本清理函数
def text_clearTitle_word2vec(text,n=12):
    text = text.lower()                          #将文本转化成小写
    text = re.sub(r"[^a-z]"," ",text)            #替换非标准字符,^是求反操作。
    text = re.sub(r" +", " ", text)              #替换多重空格
    #text = re.sub(" ", "", text)                #替换隔断空格
    text = text.strip()                          #取出首尾空格
    text = text + " eos"                         #添加结束符
    text = text.split(" ")
    return text
#将标签转为one-hot格式函数
def get_label_one_hot(list):
    values = np.array(list)
    n_values = np.max(values) + 1
    return np.eye(n_values)[values]

#获取训练集和标签函数
def get_word2vec_dataset(n = 12):
    agnews_label = []
    agnews_title = []
    agnews_train = csv.reader(open("./dataset/train.csv", "r"))
    for line in agnews_train:
        agnews_label.append(np.int(line[0]))
        agnews_title.append(text_clearTitle_word2vec(line[1]))
    from gensim.models import word2vec    # 导入gensim包
    model = word2vec.Word2Vec(agnews_title, size=64, min_count=0, window=5)   # 设
置训练参数
    train_dataset = []
    for line in agnews_title:
        length = len(line)
        if length > n:
            line = line[:n]
            word2vec_matrix = (model[line])
            train_dataset.append(word2vec_matrix)
        else:
            word2vec_matrix = (model[line])
```

```
            pad_length = n - length
            pad_matrix = np.zeros([pad_length, 64]) + 1e-10
            word2vec_matrix = np.concatenate([word2vec_matrix, pad_matrix], axis=0)
            train_dataset.append(word2vec_matrix)
    train_dataset = np.expand_dims(train_dataset,3)
    label_dataset = get_label_one_hot(agnews_label)
    return train_dataset, label_dataset
#word2vec_CNN 的模型
def word2vec_CNN():
    xs = tf.keras.Input([None,None])
    conv_3 = tf.keras.layers.Conv2D(12, [3, 64],activation=tf.nn.relu)(xs)    # 设置卷积核大小为[3,64]通道为12 的卷积计算

    conv_5 = tf.keras.layers.Conv2D(12, [5, 64],activation=tf.nn.relu)(conv_3)    # 设置卷积核大小为[3,64]通道为12 的卷积计算
    conv_7 = tf.keras.layers.Conv2D(12, [7, 64],activation=tf.nn.relu)(conv_5)    # 设置卷积核大小为[3,64]通道为12 的卷积计算
    # 下面是分别对卷积计算的结果进行池化处理,将池化处理的结果转成二维结构
    conv_3_mean = tf.keras.layers.Flatten(tf.reduce_max(conv_3, axis=1, keep_dims=True))
    conv_5_mean = tf.keras.layers.Flatten(tf.reduce_max(conv_5, axis=1, keep_dims=True))
    conv_7_mean = tf.keras.layers.Flatten(tf.reduce_max(conv_7, axis=1, keep_dims=True))
    flatten = tf.concat([conv_3_mean, conv_5_mean, conv_7_mean], axis=1)    # 连接多个卷积值
    fc_1 = tf.keras.layers.Dense(128,activation=tf.nn.relu)(flatten)    # 采用全连接层进行分类
    logits = tf.keras.layers.Dense(5,activation=tf.nn.softmax)(fc_1)    # 获取分类数据
    model = tf.keras.Model(inputs=xs, outputs=logits)
return model
```

模型的训练则较为简单,由下列代码实现:

```
import tools
import tensorflow as tf
from sklearn.model_selection import train_test_split
train_dataset,label_dataset = tools.get_word2vec_dataset() #获取数据集
X_train,X_test, y_train, y_test = train_test_split(train_dataset,label_dataset,test_size=0.1, random_state=217)
    #切分数据集为训练集和测试集
batch_size  = 12
train_data =
```

```
tf.data.Dataset.from_tensor_slices((X_train,y_train)).batch(batch_size)
model = tools.word2vec_CNN()   # 使用模型进行计算
model.compile(optimizer=tf.optimizers.Adam(1e-3),
loss=tf.losses.categorical_crossentropy,metrics = ['accuracy'])
model.fit(train_data, epochs=1)
score = model.evaluate(X_test, y_test)
print("last score:",score)
```

通过模型训练可以看到，最终的测试集的准确率应该在 80% 左右，请读者根据配置自行完成。

8.4 使用卷积对文本分类的补充内容

在上面的章节中，我们通过不同的卷积（一维卷积和二维卷积）实现了文本的分类，并且通过使用 Gensim 掌握了对文本进行词向量转化的方法。词向量 wordEmbedding 是目前最常用的将文本转成向量的方法，比较适合较为复杂词袋中词组较多的情况。

使用 one-hot 方法对字符进行表示是一种非常简单的方法，但是由于其使用受限较大，产生的矩阵较为稀疏，因此在实用性上并不是很强，作者在这里统一推荐使用 wordEmbedding 的方式对词进行处理。

可能有读者会产生疑问，使用 word2vec 的形式来计算字符的"字向量"是否可行？作者的答案是完全可以，并且准确度相对于单纯采用 one-hot 形式的矩阵表示，能有更好的表现和准确度。

8.4.1 汉字的文本处理

对于汉字的文本处理来说，一个非常简单的办法就是将汉字转化成拼音的形式，使用 Python 提供的拼音库包：

```
pip install pypinyin
```

使用方法如下：

```
from pypinyin import pinyin, lazy_pinyin, Style
value = lazy_pinyin('你好')    # 不考虑多音字的情况
print(value)
```

打印结果如下：

```
['ni', 'hao']
```

这里是不考虑多音字的普通模式，此外，还有带有拼音符号的多音字字母，有兴趣的读者可以自行查找资料学习。

较为常用的对汉字文本处理的方法是使用分词器进行文本分词,将分词后的词数列去除停用词和副词之后制作 wordEmbedding,如图 8.29 所示。

> 在上面的章节中,作者通过不同的卷积(一维卷积和二维卷积)实现了文本的分类,并且通过使用 Gensim 掌握了对文本进行词向量转化的方法。词向量 wordEmbedding 是目前最常用的将文本转成向量的方法,比较适合较为复杂词袋中词组较多的情况。
> 使用 one-hot 方法对字符进行表示是一种非常简单的方法,但是由于其使用受限较大,产生的矩阵较为稀疏,因此在实用性上并不是很强,作者在这里统一推荐使用 wordEmbedding 的方式对词进行处理。
> 可能有读者会产生疑问,如果使用 word2vec 的形式来计算字符的"字向量"是否可行。那么作者的答案是完全可以,并且准确度相对于单纯采用 one-hot 形式的矩阵表示,都能有更好的表现和准确度。

图 8.29　使用分词器进行文本分词

这里以图中所示的文字为例进行分词,并将其转化成词向量的形式进行处理,说明如下。

1. 第一步:读取数据

第一步是数据的读取。为了演示我们直接使用字符串作为数据的存储格式,而对于多行文本的读取,读者可以使用 Python 类库中文本读取工具,这里不再多做阐述。这个文本示例中可能存在语法错误,请读者忽视。

```
text = "在上面的章节中,作者通过不同的卷积(一维卷积和二维卷积)实现了文本的分类,并且通过使用 Gensim 掌握了对文本进行词向量转化的方法。词向量 wordEmbedding 是目前最常用的将文本转成向量的方法,比较适合较为复杂词袋中词组较多的情况。使用 one-hot 方法对字符进行表示是一种非常简单的方法,但是由于其使用受限较大,产生的矩阵较为稀疏,因此在实用性上并不是很强,作者在这里统一推荐使用 wordEmbedding 的方式对词进行处理。可能有读者会产生疑问,如果使用 word2vec 的形式来计算字符的"字向量"是否可行。那么作者的答案是完全可以,并且准确度相对于单纯采用 one-hot 形式的矩阵表示,都能有更好的表现和准确度。"
```

2. 第二步:中文文本的清理与分词

下面使用分词工具对中文文本进行分词计算。Python 类库中最常用的文本分词工具是"jieba"分词,导入如下:

```
import jieba                    #分词器
import re                       #正则表达式库包
```

对于正文的文本,首先需要对其进清洗和提出非标准字符,这里采用 "re" 正则表达式对文本进行处理,部分处理代码如下:

```
text = re.sub(r"[a-zA-Z0-9-,。""()]"," ",text)   #替换非标准字符,^是求反操作
text = re.sub(r" +", " ", text)  #替换多重空格
text = re.sub(" ", "", text)  #替换隔断空格
```

处理好的文本如图 8.30 所示。

在上面的章节中作者通过不同的卷积一维卷积和二维卷积实现了文本的分类并且通过使用掌握了对文本进行词向量转化的方法词向量是目前最常用的将文本转换向量的方法比较适合较为复杂词袋中词组较多的情况使用方法对字符进行表示是一种非常简单的方法但是由于其使用受限较大产生的矩阵较为稀疏因此在实用性上并不是很强作者在这里统一推荐使用的方式对词进行处理可能有读者会产生疑问如果使用的形式来计算字符的字向量是否可行那么作者的答案是完全可以并且准确度相对于单纯采用形式的矩阵表示都能有更好的表现和准确度

图 8.30 处理好的文本

可以看到文本中的数字、非汉字字符以及标点符号已经被删除，并且其中由于删除不标准字符所遗留的空格也一一删除，留下的是完整的、待切分文本内容。

"jieba"库是用于对中文文本进行分词的工具，分词函数如下：

```
text_list = jieba.lcut_for_search(text)
```

使用结巴分词对文本进行分词之后，将分词后的结果以数组的形式存储，打印结果如图 8.31 所示。

['在', '上面', '的', '章节', '中', '作者', '通过', '不同', '的', '卷积', '一维', '卷积', '和', '二维', '卷积', '实现', '了', '文本', '的', '分类', '并且', '通过', '使用', '掌握', '了', '对', '文本', '进行', '词', '向量', '转化', '的', '方法', '词', '向量', '是', '目前', '最', '常用', '的', '将', '文本', '转', '成', '向量', '的', '方法', '比较', '适合', '较为', '复杂', '词', '袋中', '词组', '较', '多', '的', '情况', '使用', '方法', '对', '字符', '进行', '表示', '是', '一种', '非常', '简单', '非常简单', '的', '方法', '但是', '由于', '其', '使用', '受限', '较大', '产生', '的', '矩阵', '较为', '稀疏', '因此', '在', '实用', '实用性', '上', '并', '不是', '很强', '作者', '在', '这里', '统一', '推荐', '使用', '的', '方式', '对词', '进行', '处理', '可能', '有', '读者', '会', '产生', '疑问', '如果', '使用', '的', '形式', '来', '计算', '字符', '的', '字', '向量', '是否', '可行', '那么', '作者', '的', '答案', '是', '完全', '可以', '并且', '准确', '准确度', '相对', '于', '单纯', '采用', '形式', '的', '矩阵', '表示', '都', '能', '有', '更好', '的', '表现', '和', '准确', '准确度']

图 8.31 分词后的中文文本

3. 第三步：使用 Gensim 构建词向量

接下来使用 Gensim 构建词向量，代码如下：

```
from gensim.models import word2vec    # 导入gensim包
model = word2vec.Word2Vec([text_list], size=50, min_count=1, window=3)    # 设置训练参数，注意方括号内如
print(model["章节"])
```

有一个非常重要的细节，因为 word2vec.Word2Vec 函数接受的是一个二维数组，而本文通过结巴分词的结果是一个一维数组，因此需要在其上加上一个数组符号，人为地构建一个新的数据结构，否则在打印词向量时会报错。

执行代码，等待 Gensim 训练完成后打印一个字符的向量，如图 8.32 所示。

```
[ 0.00700214 -0.00771189 -0.00651557  0.00805341  0.00060104 -0.00614405
  0.00336286 -0.00911157  0.0008981   0.00469631 -0.00536773 -0.00359946
  0.0051344  -0.00519805 -0.00942803 -0.00215036 -0.00504649 -0.00531102
  0.00060753 -0.00373814 -0.00554779 -0.00814913  0.00525336 -0.00070392
  0.00515197  0.00504736 -0.00126333 -0.00581168  0.00431437  0.00871824
  0.00618446  0.00265644 -0.00094638 -0.0051491   0.00861935  0.0091601
 -0.00820806 -0.00257573 -0.00670012  0.01000227  0.00413029  0.00592533
 -0.00560609 -0.00134225  0.00945567 -0.00521776  0.00641463  0.00850249
 -0.00726161  0.0013621 ]
```

图 8.32 单个中文词的向量

完整代码如下：

```
import jieba
```

```
import re
text = re.sub(r"[a-zA-Z0-9-,。""()]"," ",text)      #替换非标准字符,^是求反操作
text = re.sub(r" +", " ", text)                        #替换多重空格
text = re.sub(" ", "", text)                           #替换隔断空格
print(text)
text_list = jieba.lcut_for_search(text)
from gensim.models import word2vec                     # 导入gensim包
model = word2vec.Word2Vec([text_list], size=50, min_count=1, window=3)   # 设置训练参数
print(model["章节"])
```

至此,我们完成了这个示例,读者可以自行使用二维卷积对文本处理的模型进行下一步的计算。

8.4.2 其他的一些细节

通过上面的演示我们可以看到,对于普通的本文,完全可以通过一系列的清洗和向量化处理将其转换成矩阵的形式,之后通过卷积神经网络对文本进行处理。在上一节中虽然只是做了中文向量的词处理,缺乏主题提取、去除停用词等操作,相信读者可以受到启发,自行继续探索其他本文处理方法。

下面有一个非常重要的想法,对于 wordEmebedding 构成的矩阵,能否使用已有的模型进行处理?例如能否使用前面章节所述的 ResNet 网络,以及加上 Attention 机制的记忆力模型,如图 8.33 所示。

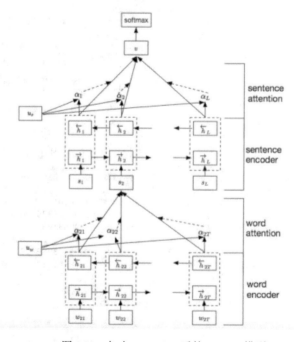

图 8.33 加上 Attention 后的 ResNet 模型

答案是可以使用的，我们在文本识别的过程中，使用了 ResNet50 作为文本模型识别器，同样可以获得不低于现有模型的准确率，有兴趣的读者可以自行验证。

8.5　本章小结

卷积神经网络并不是只能对图像进行处理,本章演示了使用卷积神经网络对文本进行分类的方法。对于文本处理来说，传统的基于贝叶斯分类和循环神经网络（RNN）实现的文本分类方法，卷积神经网络一样可以实现，而且效果并不比 RNN 差。

卷积神经网络的应用非常广泛，通过正确的数据处理和建模可以达到比较满意的目标，而且更为重要的是，相对于循环神经网络（RNN）来说，卷积神经网络在训练过程中训练速度更快（并发计算），处理范围更大（图矩阵），能够获取更多的相互关联（感受野）。因此卷积神经网络在机器学习中会有越来越重要的地位。